"十四五"普通高等教育本科部委级规划教材

食品化学实验指导书

Shipin Huaxue Shiyan Zhidaoshu

俞媛瑞 亢凯杰 熊汝琴◎主编

U0241961

中国纺织出版社有限公司

内 容 提 要

食品化学是食品科学与工程、食品质量与安全等专业的基础性课程，是将来进入食品行业的从业人员必须具备的基础性学科知识。开展食品化学实验是在科学严谨的实验当中掌握食品开发、检测和安全分析等技术的重要过程，但实验必须在科学的教学指导下才能有效的进行。基于此，本书以食品化学实验为主要内容，在结合《食品化学》课程特点及其教学大纲基本要求的基础上，分基础知识、基础性实验、探究性综合实验和快速检测技术四个部分，以创新性和启发性为原则，设计多个实验项目，并对各项具体实验的内容和过程进行详细的探讨和论证，以期为相关专业的学习者进行食品化学实验提供充分且有益的指导。

图书在版编目（CIP）数据

食品化学实验指导书 / 俞媛瑞，亢凯杰，熊汝琴主编 . -- 北京：中国纺织出版社有限公司，2024. 11.
（"十四五"普通高等教育本科部委级规划教材）.
ISBN 978-7-5229-2103-7

Ⅰ . TS201.2-33
中国国家版本馆 CIP 数据核字第 20248P6R98 号

责任编辑：闫　婷　金　鑫　责任校对：王蕙莹　责任印制：王艳丽

中国纺织出版社有限公司出版发行
地址：北京市朝阳区百子湾东里 A407 号楼　邮政编码：100124
销售电话：010—67004422　传真：010—87155801
http://www.c-textilep.com
中国纺织出版社天猫旗舰店
官方微博 http://weibo.com/2119887771
三河市宏盛印务有限公司印刷　各地新华书店经销
2024 年 11 月第 1 版第 1 次印刷
开本：710×1000　1/16　印张：13.25
字数：225 千字　定价：49.80 元

普通高等教育食品专业系列教材
编委会成员

《食品化学实验指导书》编委会名单

主　　编　　俞媛瑞　昭通学院

　　　　　　亢凯杰　昭通学院

　　　　　　熊汝琴　昭通学院

副 主 编　　余平莲　昭通学院

　　　　　　李俊杰　昭通学院

参编人员　　单露英　昭通学院　　　　　张帮磊　昭通学院

　　　　　　陆　一　昭通学院　　　　　赵丽娜　昭通学院

　　　　　　张文艳　昭通学院　　　　　李　浪　昭通学院

　　　　　　师　睿　昭通学院　　　　　王应兰　昭通学院

　　　　　　张正彪　昭通学院　　　　　姜竹茂　烟台大学

　　　　　　施用晖　江南大学　　　　　乐国伟　江南大学

　　　　　　李　玲　普洱学院

审 稿 人　　王　锐　昭通学院

　　　　　　王　磊　昭通学院

前　言

　　食品化学实验是食品化学课程体系的重要组成部分，对食品相关专业的学生来说，是巩固和深化理论知识、锻炼实践能力、培养探究能力的重要途径。近年来，培养学生的创新能力与实践能力，已成为众多高校教育改革的共识，许多学校也逐渐探索出将食品化学实验作为一门专项课程开展的教学模式。相应地，有关食品化学实验课程开展的教材设计也成为当前热点。为适应当前教学的需要，以提高学生对食品化学理论的应用能力，培养其解决实际问题的能力，编者在参考相关书籍的基础上，编写了《食品化学实验指导书》一书。

　　本书由四部分组成。第一部分涵盖三章内容，主要介绍食品化学实验基础知识，具体从实验室安全教育、食品化学实验技术原理及常用仪器、食品主要成分分析三大方面进行论述。第二部分至第四部分是本书的主体内容，分别从不同的方面对食品化学实验进行了探索。第二部分以食品中的主要营养成分，如水分、蛋白质、碳水化合物、脂质、维生素和矿物质、酶和色素以及食品添加剂等为对象，开展基础性实验。第三部分是在基础性实验的基础上进行的以探讨具体问题为主的实验，选择了食品中天然色素的稳定性、食品的颜色变化与风味变化三方面内容开展综合性实验。第四部分是从食品安全检测的角度出发开展的检测实验，主要针对食品中农药残留、牛乳掺伪、肉类掺假、非法添加物（甲醛）、糖精钠以及蜂蜜中糊精和淀粉的快速检测进行分析。

　　本书主要参考了国内外众多高校教材和国家标准，以激发学生学习兴趣、培养学生实践能力为具体目标，立足于食品类专业应用型本科教学的实际。总体上看，本书有以下三个方面的鲜明特征。

　　第一，理论与实践相结合。本书旨在培养和锻炼学生应用食品化学理论知识展开实验并解决问题的能力，因而在内容组织上包括基础理论知识和具体实验操作两部分内容，便于学生在系统掌握基础知识的基础上更好地锻炼实践能力。

　　第二，科学性与实用性相结合。本书立足于食品化学理论，在吸收国内外众多科学理论的基础上，梳理出具有可操作性的内容，并通过实验的形式深化科学知识，提高知识的实用性。

第三，系统性与层次性相结合。本书不仅注重内容展开的系统性，同时强调内容组织的层次性。本书在编写过程中，对食品化学实验的相关内容进行整合，并按照基础实验、探究实验、食品安全检测的层次，形成由浅入深、逐步展开的内容体系。

本书以便于学生理解、易于学生操作为重要原则，在兼顾知识的系统性、科学性、合理性与新颖性的基础上，以培养学生的动手能力、探究能力为目的，为学生创新能力的发展奠定良好基础，不仅可以作为本科生或研究生的参考用书，也能为从事食品科学与工程领域工作的科研、生产和管理人员提供相应的参考。

在编写本书的过程中，主编俞媛瑞负责第一部分的第 1、2 点，共计 5 万字；亢凯杰负责第二部分的第 5～7 点和第三部分的第 1 点，共计 5 万字；熊汝琴负责第一部分的第 3 点和第二部分的第 1 点，共计 4 万字；副主编余平莲负责第三部分的第 2、3 点和第四部分，共计 5 万字；李俊杰负责第二部分的第 2～4 点，共计 4 万字。编者参考并引用了食品化学实验以及与食品安全检测相关的文献资料和网络资源，并得到了许多同事的热情帮助，在此一并表示感谢。由于编者的精力和时间有限，书中难免有遗漏或不妥之处，恳请专家学者和广大读者批评指正。

编者

2024 年 3 月

目　录

第四部分　快速检测技术　　/179

参考文献　　/201

资源总码

第一部分
食品化学实验基础知识

　　食品化学是研究食品中化学成分和化学变化的科学领域。在食品科学中，化学实验是获取食品样品信息、分析成分和性质的重要手段。食品化学实验基础知识可以为实验者提供必要的指导，并防止实验过程中意外事故的发生。基于此，本部分将立足于实验室安全，对食品化学实验技术原理、常用仪器及食品主要成分进行详细探讨，为读者提供一个全面且科学的食品化学实验知识体系。

课件资源

1 实验室安全教育

食品化学实验室是进行食品专业研究和教学的重要场所，然而实验室中可能存在各种潜在的危险，因此安全教育成为至关重要的环节。本章将从实验室守则、实验前准备工作、实验室仪器操作规范、安全事故防范等角度对实验室安全问题进行探讨，以期提高相关实验人员的安全意识和应对突发情况的能力。

1.1 实验室守则与实验前准备工作

1.1.1 实验室安全守则

①实验室必须确保人员、设备的安全，牢固树立"安全第一"的观念。

②进入实验室的一切人员必须严格遵守实验室的各项规章制度。

③实验室要严格遵守国家法律法规，制定本实验室的安全制度操作规程和应急预案。

④严格执行安全制度、防火制度，以及危险品的存放、领用、清毁制度；加强"三保"（保卫、保安、保密）；做到"十防"（防火、防盗、防尘、防潮、防冻、防损、防爆、防震、防毒、防放射性污染）。

⑤实验室要严格遵守国家环境保护工作的有关规定，不得随意排放废气、废水，不得随意丢弃废物，不得污染环境。

⑥执行国家有关技术安全和工业卫生的规定，做好清洁卫生，重视"三废"处理，实验器材的存放必须整齐牢固，讲究文明。

⑦各种安全防范和劳动保护设施要准备齐全，不允许任何人以任何借口借用或挪用。

⑧每个实验室要设置一名安全技术员负责检查、监督各项安全制度的贯彻执行。学院主管部门应经常检查实验室的安全工作，对违章操作、玩忽职守、忽视安全而造成的失火、被盗、严重污染、中毒、人身重大损伤、精密或贵重仪器设备损坏严重等重大事故要严肃处理，直至追究刑事责任。

⑨用电须确保安全，严禁乱接、乱拉电线。

⑩实验人员必须保持高度的安全意识和责任感，熟悉实验室及周围环境，如水阀、电闸、安全门、灭火器及室外水源的位置。

⑪下班时必须关闭电源（确因特殊需要不能关闭的必须做好安全防范）、水源、气源，关好门窗，最后离开实验室者要负责检查。

⑫出现意外事故时要保持镇定，采取有效的自救措施，及时逃生报警，如有可能，采取力所能及的控制措施。

1.1.2　实验室安全个人须知

①必须遵守实验室的各项条例和规章制度，确保实验的规范性。

②进入实验室之前应当规范着装，不得穿着拖鞋、短裤、裙子入内。头发较长的学生应当将头发束好后，再进入实验室。在进行有毒物质和高温物质的相关实验操作时，要注意戴好防护用品。

③实验室内不能进行与实验无关的操作，不能用电炉烧水，不得将一切生活物品带入实验室，不能随意私拉和私接电线。

④在进行实验操作时，务必注意保持实验室内桌面和地板的清洁。一切与实验不相关的药品、仪器等，都不能放在实验桌上。实验室内的其他物品要注意分门别类地摆放好。

⑤参与实验的人员要了解并熟知紧急情况下的逃生路线，了解灭火器材的具体位置和使用方法。在实验中，严禁向水槽内倾倒有毒的溶剂。

⑥在保证自身安全和他人安全的情况下，要尽可能地采取有效措施保护实验室财产安全，具体方式包括自己采取相关行动、及时呼叫他人帮助、及时报警等。当自身安全和他人安全有可能受到威胁时，一切要以保护自身和他人安全为主，及时逃离危险现场，并及时进行报警处理。

1.1.3 实验前准备工作

①实验前必须认真预习有关实验内容的实验指导书和教材，理解实验目的、原理和方法，并写出实验预习报告。

②必须熟知实验室的各项规章制度，了解实验室规则、仪器设备操作规范和安全注意事项。

③提前准备好实验涉及药品及试剂的配制工作。

1.2 实验室仪器操作规范

①食品化学实验室应具备以下仪器：紫外分光光度计、普通冰箱、低温冰箱、离心机、水浴锅、振荡器、普通天平、万分之一天平、烘箱、水分活度仪、冷冻干燥设备、旋转蒸发仪、均质器、高速离心机、电位 pH 计、凯氏定氮仪等。

②实验室用到的一切仪器和容器都必须符合国家标准，且必须是质检合格的产品。

③实验室内的一切仪器都要进行合理的放置。部分比较贵重的实验仪器要有专人负责保管，并建立相关的仪器档案。实验室内的一切仪器都要进行定期检查和保养，每一样仪器都要配置相关的说明书和使用登记表。当有仪器损坏需要维修时，要撰写维修申请报告，将仪器送至专业的维修部门进行维修，不得私自进行维修处理。

④实验室的一切仪器在使用完成后都应立即切断电源，并放回原位，等到检查无误后，再离开实验室。

⑤实验室内的一切仪器和设备在未经管理人员同意的情况下，都不能外借。当有外借情况发生时，要做好借用登记。

⑥为保持实验室内仪器和设备的清洁，应当为其配备相应的套和罩。

⑦实验者在利用仪器和设备进行实验时，要严格按照操作规范进行。因不按照操作规范而造成仪器和设备损坏的，要追究使用者的责任。

1.3　实验室用电、防火及化学品安全

1.3.1　实验室用电安全

1.3.1.1　实验室用电安全须知

①实验室内的电路容量和电插座等必须符合实验设备的功率使用要求，针对一些功率很大的设备可以单独布线。

②在使用仪器设备前要注意检查其完整性，确保完整后再接电使用。

③仪器设备在使用过程中要注意远离热源和可燃性物体，并且要保证其处在一个良好的散热环境中。

④实验者不能私自拆卸实验设备，也不能随意乱接电线。

⑤使用仪器设备前，实验者的身体各部位都要保持干燥。实验室的地面也不能有水渍，当发现异常情况时，应当先将地面水渍处理干净，再进行实验。

⑥对于一些长期使用的电器设备，要注意及时进行状态检查，确保其能正常运转。

⑦针对高电压、高电流等危险区域，要设立警示标志，避免旁人随意进入。

⑧在一些放置易燃易爆化学物品的实验场所，要注意尽量避免产生火花和静电。

⑨当实验室内发生电器火灾时，要先及时切断电源，再进行灭火处理。若是不能及时断电，可以利用干粉等不导电的灭火剂进行灭火处理。

1.3.1.2　触电急救措施

当实验者在实验室中发生危急触电情况时，首先要做的就是关闭电源。若不能立即找到电源，就要用干燥的木棍挑开电线，将触电者与电隔绝开，并立即对触电者进行急救。在触电者脱离电源后，要将其转移到通风干燥的地方，并使其保持仰卧姿势。然后在保持触电者气道畅通的基础上，对其进行人工呼吸和胸外按压等急救处理。施救者还要及时拨打 120，在送医途中，也要对触电者进行心肺复苏术。

针对人工施救，有以下要点需要了解。

第一，使伤者仰卧，面部向上，取出口中异物，颈后部加垫软枕或衣物，使其头部尽量后仰以保持气道通畅。

第二，施救者位于伤者头旁，用一只手捏紧伤者鼻子，以防空气从鼻孔漏掉。同时用口对伤者的口吹气，在伤者胸壁扩张后，即停止吹气，让伤者胸壁自行回缩，呼出空气。如此反复，每分钟约12次。如伤者牙关紧闭，施救者可口对鼻进行人工呼吸，注意不要让嘴漏气，方法同上。

第三，吹气要快而有力，并且要密切注意伤者的胸部，如胸部有活动则立即停止吹气，并将伤者的头偏向一侧，让其呼出空气。

1.3.2 实验室防火安全

①实验室内必须配置相应的消防器材，并放置在比较明显的位置。消防器材须由专人保管，并定期进行检查和更换。所有人员都要注意爱护消防器材。

②实验室内存放的易燃易爆类物品必须远离火源和电源。在实验室内除实验需要外，严禁其他烟火。

③实验者在倾倒易燃液体时，必须远离火源。若实验中需要对易燃液体进行加热处理，应当在密封电热板上进行，严禁直接用火炉进行加热。

④在实验室使用酒精灯时，严禁将酒精装满，只需要将酒精量控制在容量的1/3即可。若酒精灯内的酒精量不足1/4，应在及时灭火后添加酒精。酒精灯的火要用灯帽盖灭，不能直接吹熄。

⑤针对使用过的易燃液体，需要用专门的液体容器收集起来，不能直接将其倒入下水道中。

⑥在实验室内，可燃性气体钢瓶和助燃性气体钢瓶需要分开放置，并且不能靠近火源，不能进行敲击。

⑦在实验室外部的走廊上，严禁堆放任何物品，避免阻塞消防通道。

1.3.3 实验室化学品安全

1.3.3.1 实验室化学品的保存

（1）保存化学品的一般原则

①实验室内的任何化学物品和试剂都必须贴上对应的标签。标签的信息要完

善，具体应当包括名称、浓度、责任人、日期等，并且标签的信息要保证清晰。

②实验的试剂和物品等应当存放在合理的空间内，存放空间要求通风、隔热，远离火源。在实验室内不能存放过多的物品和试剂，以免影响操作空间。

③在实验室内要建立物品册，一些废旧的化学品和试剂要及时清理并补充新的物品。

（2）化学品分类存放要求

①剧毒化学品、麻醉类和精神类药品须存放在不易移动的保险柜或带双锁的冰箱内，实行"双人领取、双人运输、双人使用、双人双锁保管"的"五双"制度，并切实做好相关记录。

②易爆品应与易燃品、氧化剂隔离存放，宜存于20℃以下，最好保存在防爆试剂柜、防爆冰箱内。

③腐蚀品应放在防腐蚀试剂柜的下层，或下垫防腐蚀托盘，并置于普通试剂柜的下层。

④还原剂、有机物等不能与氧化剂、硫酸、硝酸混放。

⑤强酸（尤其是硫酸）不能与具有强氧化性的盐类（如高锰酸钾、氯酸钾等）混放；遇酸可产生有害气体的盐类（如氰化钾、硫化钠、亚硝酸钠、氯化钠、亚硫酸钠等）不能与酸混放。

⑥易产生有毒气体（烟雾）或难闻刺激性气体的化学品应存放在配有通风吸收装置的试剂柜内。

1.3.3.2 实验室化学品的使用

①实验者在进行化学实验前，必须仔细阅读化学品的安全技术说明书，对自己将接触的化学品的特性要了然于胸，并采取针对性的防护措施。

②在实验中，要注意严格按照操作规程进行操作。在能够达到实验目的的情况下，可以灵活地用一些危险性较低的物质来代替高危物质。

③实验者在使用化学物品进行实验时，要注意避免直接用手接触化学物品，也不能直接用鼻子闻化学物品的气味。

④实验室内严禁在开口容器中用明火对有机溶剂进行加热，并且严禁在烘箱内存放任何易燃易爆物品。

⑤进入实验室的人员必须佩戴好防护眼镜，并且应当穿着工作服。

1.3.3.3 化学品事故急救措施

（1）化学烧伤

当实验室内发生化学烧伤事故时，要立即将沾染化学品的衣物脱去，然后用水清洗烧伤部位。当烧伤面积不大时，可以自行涂抹烧伤药膏。若烧伤面积较大，应当先用冷水将纱布浸湿，然后将纱布敷在创面上，立即到医院就医。处理时应尽可能保持水疱皮的完整性，不要撕去受损的皮肤，切勿涂抹有色药膏或其他物质（如红汞、龙胆紫、酱油、牙膏等），以免影响对创面的判断和处理。

（2）化学腐蚀

当出现化学试剂腐蚀皮肤的情况时，首先要用清水对受伤处进行清洗，然后去医院做进一步的处理。若是化学试剂溅入眼中，同样要立即用水进行冲洗，再去医院就医。要注意的是，如果只有一只眼睛被溅入化学试剂，那么在冲洗时就要避免水流经过另一只眼睛。

（3）化学冻伤

当出现化学冻伤情况时，要立即脱离低温环境，再用 40℃ 左右温水冲洗冻伤处，并到医院做进一步的处理。若冻伤程度比较严重，出现心脏骤停，要立即对冻伤者进行人工呼吸和心脏复苏的急救处理，再送往医院救治。

（4）吸入性化学中毒

救护者在进入毒区抢救伤者之前，应当佩戴好防毒面具，并穿好防护服。进入毒室内，首先要立即切断毒源，并开启门窗，进行通风换气处理，以降低室内的毒物浓度。其次要将中毒者及时转移出来，对其进行急救处理，再送往医院救治。

（5）误食性化学中毒

①误食一般化学品：当误食一般化学品时，可以立即吞服牛奶、鸡蛋、淀粉、饮用水等来降低胃内的化学品浓度，也可以分次吞服含活性炭（一般 10～15g 活性炭大约可以吸收 1g 毒物）的水进行引吐或导泻，同时迅速送往医院治疗。

②误食强酸：立刻饮服 200mL 0.17% 氢氧化钙溶液或 200mL 氢氧化镁悬浮液或 60mL 3%～4% 氢氧化铝凝胶，或者牛奶、植物油、水等，迅速稀释毒物，再服食十多个打散的蛋液作为缓和剂，同时迅速送往医院治疗。急救时不要随意催吐、洗胃。因碳酸钠或碳酸氢钠溶液遇酸会产生大量二氧化碳，故不要服用。

③误食强碱：应立即饮服 500mL 食用醋稀释液（1 份醋加 4 份水）或鲜橘

子汁稀释液，再服食橄榄油、蛋清、牛奶等，同时迅速送往医院治疗。急救时不要随意催吐、洗胃。

④误食农药：对于有机氟中毒，应立即催吐、洗胃，可用 1% ～ 5% 碳酸氢钠溶液或温水洗胃，随后灌入 60mL 50% 硫酸镁溶液，禁用油类泻剂，同时迅速送往医院治疗。对于有机磷中毒，一般可用 1% 食盐水或 1% ～ 2% 碳酸氢钠溶液洗胃。误食敌百虫者应用生理盐水或清水洗胃，禁用碳酸氢钠洗胃，同时迅速送往医院治疗。

1.4　常见实验室安全事故原因及对策分析

1.4.1　实验室常见的危险品

1.4.1.1　爆炸品

在实验室内，部分物品有很高的爆炸性。当它们受到摩擦、震动、撞击等外来因素的作用时，就会产生强烈的化学反应，发生爆炸。实验室内比较常见的爆炸品有三硝基甲苯、三硝基苯酚（苦味酸）、硝酸铵、叠氮化物及其他超过三个硝基的有机化合物等。

1.4.1.2　氧化剂

氧化剂按其不同的性质遇酸、遇碱、受潮、遇强热，或与易燃物、有机物、还原剂等性质有抵触的物质混存会发生分解，引起燃烧和爆炸，如碱金属和碱土金属的氯酸盐、亚硝酸盐、过氧化物、高氯酸盐、高锰酸盐、重铬酸盐等。

1.4.1.3　压缩气体和液化气体

气体压缩后贮于不耐压钢瓶内，具有危险性。钢瓶若在太阳下暴晒或受热，当瓶内压力升高至大于容器耐压限度时，即能引起爆炸。钢瓶内气体按性质分为以下四类。

①剧毒气体，如液氯、液氨等。

②易燃气体，如乙炔、氢气等。乙炔等与空气混合能形成爆炸性混合物，遇

明火、高热能引起燃烧爆炸。

③助燃气体，如氧气等。

④不燃气体，如氮气、氩气、氖气等。

1.4.1.4 自燃物品

自燃物品处在空气中时，会自己进行分解和氧化，随之产生热量，等到温度达到自燃点时，就会发生自燃现象。比较常见的自燃物品有白磷等。

1.4.1.5 毒害品

毒害品具有强烈的毒害性，少量毒害品进入人体或接触皮肤即能造成中毒甚至死亡，如汞和汞盐（氯化汞、硝酸汞等）、砷和砷化物（如三氧化二砷，即砒霜）、磷和磷化物（毒害品白磷误食 0.1g 即能致死）、铝和铅盐（一氧化铅等）、氢氰酸和氰化物（如氰化钠、氰化钾等），以及氟化钠、四氯化碳、三氯甲烷等均为剧毒物，还有有毒气体，如醛类、氨气、氟化氢、二氧化硫等。

1.4.2 实验室常见的安全事故及原因

化学实验室容易发生安全事故，事故类型主要有以下三种。

1.4.2.1 火灾

火灾是化学实验室最常见的事故，大的火灾事故很少发生，但小火灾事故经常上演。导致火灾的原因主要有两个：一个是化学实验中使用的化学品易燃，比如石油醚、乙醚、乙醇等常用有机溶剂都非常容易燃烧，而且一些化学试剂会发生自燃，或者遇水剧烈燃烧等；另一个是电路问题，如实验设备功率大、仪器台数多、化学实验室线路老化且改造困难，一旦出现电路过载或者短路，极易引发火灾。

1.4.2.2 爆炸

爆炸事故在化学实验室中经常出现，很多具有突然性，极易造成重大伤亡。爆炸发生的原因主要有三个：首先是化学实验室中经常使用一些可燃性气体，如氢气和一氧化碳等在空气中达到一定浓度后遇明火便会引发爆炸；其次是一些化学试剂易爆，比如三硝基甲苯、三硝基苯酚（苦味酸）、硝酸甘油等；最后是有限空间内由于化学试剂与水接触引发燃烧甚至导致爆炸，如某高校研究人员，在用水洗涤装有金属钠的瓶子时瓶子爆炸，导致严重受伤。

1.4.2.3　毒害性事故

毒害性事故多发生在有化学药品和剧毒物质的实验室和有毒气排放的实验室。造成实验室毒害性事故的原因主要有以下四种。第一，实验者将食品带进有毒物的实验室中，并发生了误食现象。第二，实验室的设备老化，导致不能及时地将室内的有毒气体排放出去，引起室内中毒。第三，实验者对实验完毕后产生的有害物质处理不当，导致有毒物散落在环境之中，引发人员中毒。第四，实验室的废水排放管道受损，导致废水外流，引发环境污染。

总结以上事故出现的因素，可以将其分为三个方面。

第一，人的不安全因素。人的不安全因素主要包括实验室中从事实验活动的人员安全意识淡薄、缺乏安全知识或技能、不遵守操作规程、不规范操作、个人防护不当、实验习惯不良、行为动机不正确、生理或心理有问题等。英国卫生保护局（Health Protection Agency）报道，安全事故中 90% 是人为因素导致的。[1] 从根本上讲，人的不安全因素在于实验室相关人员的安全观念不强、安全意识淡薄。

第二，物的不安全因素。实验室物的不安全因素包括实验室规划设计不合理、设备密集、危险化学生物试剂较多等。部分实验室还存在设施陈旧，设备、线路老化，实验室安全应急设施缺乏等不安全因素。

第三，管理问题及缺陷。管理上的问题主要体现在两方面，一方面是安全管理制度不完善，奖罚不明；另一方面是管理人员不足、不专业，或管理人员本身安全责任认识不够，对安全管理工作敷衍了事。

1.4.3　化学实验室安全事故对策分析

在实验室内，一旦发生事故，了解并采取正确的应对措施非常必要。无论发生什么事故，一定要保持冷静，反应迅速，当机立断。

---

[1] 朱莉娜，孙晓志，弓保津. 高校实验室安全基础 [M]. 天津：天津大学出版社，2014：4.

1.4.3.1 火灾的处理

实验室内一旦发生火灾，可能会引发严重的后果，必须小心谨慎处理。首先，必须切断实验室内的火源和电源；其次，根据火灾事故的具体情况进行抢救和灭火处理。

常见处理方法如下。

①当实验室内的可燃性物体出现燃烧情况时，要立即将实验室内的可燃物拿开，并关闭实验室的通风器，避免燃烧情况加剧。

②当实验室内的酒精和一些可溶于水的液体着火时，可以用石棉布盖熄，或者可以直接用大量沙土进行灭火处理。

③汽油、乙醚、甲苯等有机溶剂着火时，应用石棉布或干沙扑灭，严禁用水，否则可能会导致燃烧情况加剧。

④金属钾、钠或锂着火时，绝对不能用水、泡沫灭火器、二氧化碳、四氯化碳等灭火，可用干沙、石墨粉扑灭。

⑤当实验室内的电器设备着火时，应当切断电源，再用二氧化碳灭火器进行灭火处理，严禁使用水灭火，否则很可能会导致触电情况发生。

⑥当实验者的衣物着火时，可以用石棉布将火盖熄，或者立即脱下衣服，用水灭火。

⑦当实验室内的烘箱有异味发出，或者出现冒烟情况时，要立即切断烘箱的电源，使其慢慢降温，并准备好灭火器备用。此时切忌打开烘箱门，避免空气进入烘箱助燃，反而引起火灾。

实验室内发生火灾，最重要的是掌握"三会"——会报警、会利用消防设施、会自救。

1.4.3.2 爆炸事故的处理

首先，某些化合物容易爆炸，如有机化合物中的过氧化物、芳香族多硝基化合物和硝酸酯、干燥的重氮盐、叠氮化物、重金属的炔化物等，均是易爆物品。含过氧化物的乙醚蒸馏时，有爆炸的危险，事先必须除去过氧化物；芳香族多硝基化合物不宜在烘箱内干燥；乙醇和浓硝酸混合，会引起极强烈的爆炸。

其次，仪器装置不正确或操作错误，有时会引起爆炸。如果在常压下进行蒸馏或加热回流，仪器必须与大气相通。在蒸馏时要注意，不要将物料蒸干。在减压操作时，不能使用不耐外压的玻璃仪器（如平底烧瓶和锥形烧瓶等）。

最后，氢气、乙炔、环氧乙烷等气体与空气混合达到一定比例时，会生成爆炸性混合物，遇明火即会爆炸，因而使用上述物质必须严禁明火。

1.4.3.3　中毒事故的处理

在操作有毒物质的实验中，若产生咽喉灼痛、嘴唇脱色或发绀、胃部痉挛或恶心呕吐、心悸头晕等症状，可能是中毒。根据中毒原因采取以下急救措施后，应立即送往医院治疗，不得延误。

①固体或液体毒物中毒者，有毒物质尚在嘴里的，要立即吐掉，用大量水漱口。误食碱者，先饮大量水再喝些牛奶。误食酸者，先喝水，再服氢氧化镁乳剂，最后喝些牛奶。不要用催吐药，也不要服用碳酸盐或碳酸氢盐。

②重金属盐中毒者，喝一杯含有少量硫酸镁的溶液，也可以食入大量蛋白质（如牛奶、蛋清、豆浆），减轻重金属盐类对胃肠黏膜的危害，起到缓解毒性的作用，紧急就医。不要服催吐药，以免引起危险或使病情复杂化。

③针对吸入气体或蒸汽中毒者，要立即将中毒者转移到室外开阔环境中，让其呼吸新鲜空气。根据情况，可以进行人工呼吸的急救处理，然后立即送至医院进行急救。

1.4.3.4　其他安全事故的处理

（1）玻璃割伤

化学实验室中最常见的外伤是由玻璃仪器破碎或不慎碰到其他尖锐物品引发的。对于割伤紧急处理，首先应止血，以防大量流血引起休克。原则上可直接压迫损伤部位进行止血。即使损伤动脉，也可用手指或纱布直接压迫损伤部位止血。

①由玻璃片或管造成的外伤，必须检查伤口内有无玻璃碎片，以防压迫止血时将碎玻璃片压深。若有碎片，应先用消过毒的镊子小心地将玻璃碎片取出，再用消毒棉球和硼酸溶液或双氧水洗净伤口，涂上红药水或碘酊（两者不能同时使用）并用消毒纱布包扎好。若伤口太深，流血不止，则让伤者平卧，抬高出血部位，压住附近动脉，并在伤口上方约 10cm 处用纱布扎紧，压迫止血，并立即送往医院治疗。

②若被带有化学药品的注射器针头或沾有化学品的碎玻璃刺伤或割伤，应立即挤出污血，尽可能将化学品清除干净，以免中毒。用清水洗净伤口，涂上碘酊后包扎。如果化学品毒性大，则应立即送往医院治疗。

③玻璃碎屑进入眼睛内比较危险，一旦眼内进入玻璃碎屑或其他会对眼睛造成伤害的碎屑如金属碎屑等，应保持平静，绝不能用手搓揉，尽量不要转动眼球，可任其流泪。有时碎屑会随泪水流出。严重时，用纱布包住眼睛，将伤者紧急送往医院治疗。

（2）烫伤

当实验者在实验中被火焰、蒸汽等烫伤时，要立即用清水冲洗烫伤处，进行降温处理。若烫伤处起水疱，不宜当即挑破，应当用纱布进行简易包扎后，去医院治疗。轻微烫伤可在伤处涂些鱼肝油、烫伤油膏或万花油后包扎。若皮肤起疱（二级灼伤），不要弄破水疱，以防感染。若伤处皮肤呈棕色或黑色（三级灼伤），应用干燥而无菌的消毒纱布轻轻包扎好，紧急送往医院治疗。

对待实验室中的安全隐患，不能抱有任何侥幸心理。实验室工作要始终坚持"安全第一，预防为主"的基本原则，采取切实有效的措施，健全管理制度和操作规章，完善管理队伍建设，提升管理水平，加强管理，奖惩分明；改善硬件设施条件，消除实验室环境中物的不安全因素；最重要和关键的措施是加强实验人员的安全教育工作，减少人的不安全行为。

思考题：

①进行实验前，需要做什么准备工作？
②实验室的化学品应该如何安全保存？
③列举出实验室中常见的危险品，并进行简述。
④当实验室发生火灾时，实验人员应如何处理？

2　食品化学实验技术原理及常用仪器

技术原理是进行食品化学实验的理论基础，了解技术原理是学习具体实验操作前的重要环节，有利于巩固和加深对理论知识的理解，为强化动手能力打好基础。掌握仪器的主要构造，明确其使用和维护事项是进行实验的基本要求。因此，本章将重点说明食品化学实验的技术原理及常用仪器。

2.1　光谱分析实验技术

2.1.1　分光光度计法

在食品化学实验中，无论是对蛋白质、糖、核酸、酶等的定量分析，还是探讨天然活性物质有效成分的提取、活性产物的抗氧化、食品贮存过程色泽的保持、防腐剂抗菌等研究，都需要使用分光光度计法实验技术。

溶液对光线具有选择性吸收作用，主要体现在物质的分子结构不同，对不同波长光线的吸收能力不同。因此，每种物质都有其特异的吸收光谱。分光光度计法主要是指利用物质特有的吸收光谱来鉴定物质性质及含量的实验技术。

2.1.1.1　分光光度计法的基本原理

分光光度计法是利用物质的分子或离子对某一波长范围光的吸收作用，对物质进行定性、定量分析以及结构分析的一种方法。物质对光存在选择性吸收，当光线通过透明溶液介质时，一部分光可穿过，另一部分光则被吸收，这种光波被溶液吸收的现象可用于某些物质的定性及定量分析。

光是一种电磁波，其中可见光的波长范围为 $400 \sim 760nm$，波长短于 $400nm$ 的光称为紫外光，长于 $760nm$ 的光为红外光。[1]

---

[1]　魏玉梅，潘和平．食品生物化学实验教程［M］．北京：科学出版社，2017：34.

分光光度计法依据的原理是朗伯 — 比尔定律，该定律给出了溶液吸收单色光的多少与溶液的浓度及液层厚度之间的定量关系。

当一束平行单色光（入射光强度为 I_0）照射到任何均匀、非散射的溶液上时，光的一部分被比色皿的表面反射回来（反射光强度为 I_T），一部分被溶液吸收（被吸收光强度为 I_a），一部分则透过溶液（透光强度为 I_t）。这些数值之间有如下关系：

$$I_0 = I_a + I_t + I_T \qquad (1-2-1)$$

在分析中采用同种质料的比色皿，其反射光的强度是不变的。由于反射引起的误差可互相抵消，因此上式可简化为：

$$I_0 = I_a + I_t \qquad (1-2-2)$$

式中，I_a 越大说明对光吸收越强，也就是透过光 I_t 的强度越小，光减弱得越多。因此，分光光度计法实质上是测量透过光强度的变化。不同物质的溶液对光的吸收程度（吸光度 A）与溶液的浓度（c）、液层厚度（L）及入射光的波长等因素有关。溶液浓度越大、液层越厚，光被吸收的程度越强，透射光的强度则越低。透射光强度与入射光强度的比值，称为透光度，以 T 表示。当入射光的波长一定时，其定量关系可用朗伯 — 比尔定律表示：

$$A = \lg \frac{I_0}{I_t} = \lg \frac{1}{T} = kcL \qquad (1-2-3)$$

式中，k 为比例常数，称为吸光系数，有两种表示方法，一是摩尔吸光系数，是指在一定波长时，溶液浓度为 1mol/L、厚度为 1cm 的吸光度，用 ε 或 EM 表示；二是百分吸光系数或称比吸光系数，是指在一定波长时，溶液浓度为 1g/mL、厚度为 1cm 的吸光度，用 $E_{1cm}^{1\%}$ 表示。

吸光系数两种表示方式之间的关系如下：

$$EM = \frac{M_t}{10} \times E_{1cm}^{1\%} \qquad (1-2-4)$$

式中，M_t 是吸光物质的摩尔质量。吸光系数 ε 或 $E_{1cm}^{1\%}$ 不能直接测得，须用已知准确浓度的稀溶液测得吸光值换算而得到。

2.1.1.2 影响吸光系数的因素

第一，物质不同，吸光系数不同，所以吸光系数可作为物质的特性常数。在分光光度计法中，常用摩尔吸光系数 ε 或 EM 来衡量显示反应的灵敏度，ε 或

EM 值越大，灵敏度越高。

第二，溶剂不同，其吸光系数不同。说明某一物质的吸光系数时，应注明所使用的溶剂。

第三，光的波长不同，其吸光系数也不同。物质的定量须在最适的波长下测定其吸光值，因为在此处测定的灵敏度最高。

第四，单色光的纯度对吸光系数也有影响。如果单色光源不纯，会使吸收峰变得圆钝，吸光值降低。严格来说，朗伯—比尔定律只有当入射光是单色光时才完全适合，因此物质的吸光系数与使用仪器的精度密切相关。由于滤光片的分光性能较差，所以测得的吸光系数要比真实值小得多。

2.1.2　荧光分析法

有这样一类物质，它们可以通过吸收外界的能量而发出不同波长的光，并且当外界能量消失后，光就消失了，这类光就是荧光。

利用荧光的光谱和荧光强度，对物质进行定性、定量分析的方法称为荧光分析法。

2.1.2.1　荧光分析法的定性研究

在食品生物化学实验中应用荧光分析法，能够定性分析在提取、加工或变性后，蛋白质疏水性、亲水性的变化；研究有机小分子、离子以及无机化合物与蛋白质的相互作用，获取蛋白质结构及功能性质变化的信息等。

在蛋白质结构中存在三种芳香族氨基酸，即色氨酸、苯丙氨酸和酪氨酸，它们能发出内源荧光，因氨基酸的结构不同，荧光强度比为 100：0.5：9。因此，绝大多数情况下，可以认为蛋白质显示的荧光主要来自色氨酸残基。色氨酸荧光光谱主要反映色氨酸微环境极性的变化，是一种较为灵敏、在三级结构水平上反映蛋白质构象变化的技术手段。一般来讲，荧光峰红移表明荧光发射基团暴露于溶剂，蛋白质分子伸展；如果荧光峰位置没有发生偏移，仅有荧光峰信号的减弱或增强，那么不能将其判断为明显的蛋白质构象改变。

在测定蛋白质的性质时，可以对蛋白质对照液进行荧光光谱扫描，以确定样液最适合的发射波长，然后测定处理样品荧光发射光谱，根据发射光谱最大发射波长的位置，判断蛋白质构象的变化。如果最大荧光发射波长红移，表明蛋白质残基所处环境的极性增加，蓝移则说明蛋白质疏水性增加。

荧光分析法还可以用来对蛋白质水解进行研究。例如，在酶对蛋白质的水解作用过程中，随着酶解时间的延长，对酶解液进行荧光光谱分析时，其荧光峰会发生红移，说明酶解液中可溶性蛋白质的含量增加。

2.1.2.2　荧光分析法的定量研究

对于某荧光物质的稀释液，在一定波长和一定强度的入射光照射下，当溶液层的厚度不变时，在一定浓度范围内，其荧光强度和该溶液的浓度成正比。应用标准曲线法，对已知的标准品采用和样品同样的处理方法，配成系列标准溶液，测定其荧光强度，根据荧光强度绘制荧光物质含量的标准曲线，再测定样品的荧光强度，可根据标准曲线，定量分析未知荧光样品的浓度。

B 族维生素、稠环芳烃（如 3，4- 苯并芘）、黄曲霉毒素等都具有荧光特性，对其进行定量分析适合采用荧光分析法。

黄曲霉毒素是一类结构和理化性质相似的真菌次级代谢产物，具有极强的毒性。其基本结构单位是二呋喃环和香豆素衍生物，主要有黄曲霉毒素 B_1、B_2、G_1、G_2 等 6 种。黄曲霉毒素 B_1 是这类衍生物中毒性及致癌性最强的物质，其分子结构为共轭双键的芳香稠环结构，具有荧光性质，利用荧光分析法在激发波长 365nm 和发射波长 406nm（±5nm）处进行定量分析，为食品质量安全和生物法降解黄曲霉毒素的研究提供了检测方法。

维生素是维持人体生命活动的一类重要有机物质，对人体健康有着重要的影响。人体不能自己合成大部分的维生素，因此需要从富含维生素的食物中摄取。维生素的主要功能是作为辅酶的成分调节机体代谢，在食品中被誉为第四营养素，使用荧光分析法可对 B 族维生素进行定量分析。例如，经分离提取后维生素 B_1 结构中的芳香杂环化合物具有荧光性质，在激发波长 365nm、发射波长 435nm 处可被检测到；维生素 B_2 在激发波长 440nm、发射波长 560nm 处可被检测到。❶

---

❶ 韦庆益，高建华，袁尔东. 食品生物化学实验 [M]. 广州：华南理工大学出版社，2012：12.

2.2　色谱分析实验技术

2.2.1　气相色谱法

气相色谱法是英国生物化学家马丁等在 1952 年建立的一种分析方法。它是利用混合物在固定相和载气流动相中分配系数的不同而建立的分离分析方法。气相色谱法具有分离效率高、分析速度快、选择性高、灵敏度高、试样用量少等优点，但不能对待测组分进行结构鉴定。将气相色谱与质谱、光谱技术加以联用，可以实现单纯依赖气相色谱不能完成的任务，如结构分析等，目前已广泛用于石油化工、环境监测、生物医药、农药残留检测等领域。

2.2.1.1　气相色谱法分类

气相色谱根据固定相的不同分为气固色谱和气液色谱。气固色谱是待分离组分随载气流动而在吸附剂表面发生吸附、解吸附、再吸附、再解吸附等反复过程，从而使不同物质在色谱柱中保留时间不同而达到分离的目的，较适用于分离气体和低沸点化合物。气液色谱是待分离组分随载气流动而在固定液中发生溶解、挥发、再溶解、再挥发等反复过程，使不同物质在色谱柱中保留时间不同而分离，其选择性好，应用范围比前者更为广泛。

2.2.1.2　气相色谱法的基本原理

气相色谱通过高压气瓶供给载气，经压力调节器降压、净化器脱水和除杂、流量调节器调节进入色谱柱的流量，气化后的试样随载气进入色谱柱后与固定相发生相互作用，由于待测组分的组成、结构及性质不同，与固定相的作用力也不同，经过反复作用后，各组分将按一定次序从色谱柱中流出而实现分离。

2.2.1.3　气相色谱法操作条件的选择

（1）柱长的选择

增加柱长可以增大理论塔板数，但同时也会引起峰宽加大和分析时间过长等问题，实际操作中可通过分离度及色谱分离方程计算合适的柱长。气相色谱柱分为填充柱和毛细管柱。填充柱材料可以是玻璃、陶瓷、不锈钢管、聚四氟乙烯塑料等。毛细管柱又叫作开管柱，是内壁涂覆固定液、中间为空腔的细长管，柱长为十几米到几十米，甚至上百米，且两个毛细管柱可以串联使用。

（2）流速的选择

根据范德姆特方程，塔板高度最小时对应的流速为最佳流速。在实际工作中，为了缩短分析时间，通常设定的流速稍高于最佳流速。

（3）柱温的选择

柱温升高，可加快气相或液相的传质速率，但同时也导致纵向扩散等问题。柱温太低，往往会延长分析时间。具体实验中可保证在最难分离组分可分离的前提条件下，适当降低柱温。另外，还须考虑柱温可能会对固定液造成的影响。

无论是填充柱还是毛细管柱，如果样品沸程不宽，应尽可能采用恒温操作，这样可节省降温时间。填充柱程序升温时一般基线漂移较大，必须用双柱抵消基线漂移，若样品组分多、沸程又宽，应采用程序升温。

（4）载体粒度的选择

载体粒度越小、装填越均匀，柱效越高；但粒度太小，阻力明显增大。

（5）进样量的选择

半峰宽不变时，对应的进样量为最大进样量，如果超过最大进样量，则线性关系变差，不利于定量分析。

（6）检测器的选择

要根据样品性质选择合适的检测器。在条件允许的前提下，应使用选择性高、灵敏度高的检测器。同时也要注意检测器与载气的匹配，对于常用的热导检测器，使用氢气做载气的灵敏度高于用氮气做载气的灵敏度，使用氢火焰离子化检测器时，则氮气做载气的灵敏度要高一些。

2.2.2　高效液相色谱法

液相色谱法是指流动相为液体的色谱技术。早期的液相色谱法是将小体积的试液注入色谱柱上部，然后用洗脱液（流动相）洗脱。这种经典液相色谱法，流动相依靠自身的重力穿过色谱柱，柱效差（固定相颗粒不能太小），分离时间长。20 世纪 70 年代初期发展起来的高效液相色谱法（HPLC）在经典色谱法的基础上，引用了气相色谱法的理论，在技术上采用高压泵、高效固定相和高灵敏检测器，实现了分析速度快、分离效率高和操作自动化，克服了经典液相色谱法柱效低、分离时间长的缺点。

2.2.2.1 高效液相色谱法的基本原理

高效液相色谱法采用液体为流动相，根据组分在两相中分配系数的微小差异实现分离。待测组分随流动相不断移动，因而可在两相间反复多次发生质量交换，最终使各组分间本来微小的差异得以放大，从而达到分离分析的目的。液相色谱法与气相色谱法相比较，最大的优势在于可以分离一些难挥发但具有一定溶解性的物质或热不稳定性物质，因而在化合物的分离分析中占有相当大的比例。

2.2.2.2 高效液相色谱法的特点

（1）高压

高效液相色谱法的流动相为液体，流经色谱柱时会受到较大的阻力，为了使流动相能迅速通过色谱柱，必须对流动相施加高压。现代液相色谱法中供液压力和进样压力都很高，一般可达到 $1.5\times10^7\sim3.5\times10^7Pa$。高压是高效液相色谱法的一个突出特点。

（2）高效

高效液相色谱法可选择固定相和流动相以达到最佳分离效果，其分离效能比工业精馏塔和气相色谱的分离效能高出许多倍。

（3）高速

高效液相色谱法的流动相在色谱柱中的流速较经典液相色谱法的流速快得多，可达 $1\sim10mL/min$，通常分析一个样品时间在 1h 以内，有些样品甚至在5min 内即可完成。

（4）高灵敏度

高效液相色谱法广泛采用高灵敏度检测器，进一步提高了分析的灵敏度。比如，紫外检测器的灵敏度可达 $10^{-9}g$，荧光检测器的灵敏度可达 $10^{-11}g$。高效液相色谱法的高灵敏度还体现在分析试样用量少，微升数量级的试样就可以进行全分析等方面。

（5）应用范围广

约有 80% 的有机化合物都可用高效液相色谱法进行分离分析，尤其是高沸点、大分子、强极性、热稳定性差的化合物的分离分析，如分离分析氨基酸、蛋白质、维生素、糖类、农药等。

此外，高效液相色谱法还有色谱柱可反复使用、样品不被破坏、易回收等优点。所以，高效液相色谱法是现代分析领域不可或缺的方法。

2.2.2.3　高效液相色谱法的定性和定量分析

（1）定性分析

高效液相色谱法用于定性的难度较大，这是因为影响液相色谱中各溶质组分迁移的因素太多，且相互之间存在干扰等，同一组分在不同条件下，甚至同一条件下的保留值相差很大。现有的定性方法有利用保留值定性、检测器上响应信号强度及联用质谱（HPLC-MS）或联用核磁共振波谱（HPLC-NMR）等两谱联用技术等。其中，保留值定性分为利用已知物保留值定性、文献数据保留值定性、已知物增加峰高法定性等，但必须明确，保留时间相同且不能肯定是相同组分；HPLC-MS可弥补HPLC不能定性未知化合物的不足，通过对未知化合物进行多级质谱分析，推测未知化合物结构，进而达到定性的目的，该方法已广泛用于中药及天然植物化学成分的快速筛选、中药品种鉴别、药代动力学研究及环境监测等领域；HPLC-NMR适用于药物杂质鉴定、天然活性物质筛选等。

（2）定量分析

定量分析法主要有归一化法、标准曲线法、内标法、标准加入法等。

归一化法是所有出峰组分之和以100%计算的定量方法。该法不需要标准物，且与进样量无关，但要求所有组分必须全部流出，全部都能在检测器上产生信号，且所有响应因子均非常接近。由于液相色谱检测器为选择性检测器，对很多组分不能响应，同时该法准确性不高，因而液相色谱很少采用归一化法。

标准曲线法的定量较为准确，适合痕量组分分析，但要求待测组分浓度处于标准曲线线性范围内，以保证准确度。应用标准曲线法需要配制一系列不同浓度的标准物溶液，分别测定其响应峰面积，根据峰面积对浓度作图，绘制标准曲线。待测试样则在相同条件下按同样的方法操作，获得其峰面积值，再代入标准曲线求得待测组分的浓度。

内标法是将已知量的内标物加至已知量的试样中。

标准加入法是当难以选择合适的内标物时，以待测组分的纯物质为标志物，将其加至待测体系中，然后在相同条件下，测定加入前后的峰面积或峰高，最后计算待测组分的含量。该方法也称为外标法，不需要另加内标物，进样量的准确性要求不高，但两次色谱条件应相同以保证校正因子相同。

进行定量分析时，要注意以下几方面的因素。

①试样的制备：尽可能分离干扰物，待测组分尽可能不损失，试样处理和制

备过程中尽可能防止被损失或污染等。

②进样：采用归一化法、内标法及标准加入法时，对进样引起的误差可以忽略，但使用标准曲线法时，须注意进样装置的稳定性以及操作人员的熟练程度、重复性等。

③色谱条件：分离度较好时，柱效变化会对峰高定量产生影响，但不影响峰面积定量；流动相流速对标准曲线法峰面积定量的影响大于峰高法定量，但对归一化法、内标法及标准加入法无影响。

④检测器性能：检测器的稳定性和线性范围选择对定量法分析的影响较大。进样量应能确保检测器的响应值处于其线性范围内，以减少误差。另外，检测器的型号及各种参数的设置均需要多次实验摸索确定。

2.3　生物活性分子的分离技术

2.3.1　离心技术

物体围绕某一个中心轴进行高速旋转时，就会产生离心力。所谓离心技术，就是利用离心力让旋转体内的悬浮颗粒发生沉降或漂浮现象，以达到分离颗粒的目的的技术。旋转体的旋转速度越快，其受到的离心力就越大。

如果装有悬浮液或高分子溶液的容器进行高速水平旋转，强大的离心力作用于溶剂中的悬浮颗粒或高分子，会使其沿着离心力方向运动而逐渐背离中心轴。在相同转速条件下，容器中不同大小的悬浮颗粒或高分子溶质会以不同的速率沉降。经过一定时间的离心操作，就有可能实现不同悬浮颗粒或高分子溶质的有效分离。

在工业生产和实验室分析研究中广泛使用的离心机就是基于上述基本原理来设计的。

2.3.1.1　离心技术的基本原理

离心技术是根据物质在离心力场中的行为来分离物质的。溶液中的固相颗粒做圆周运动时产生一个向外离心力：

$$F=m\omega^2 r \tag{1-2-5}$$

式中，F 为离心力的强度；m 为沉降颗粒的有效质量；ω 为离心转子转动的角速度；r 为离心半径即转子中心轴到沉降颗粒之间的距离。

通常离心力用地球引力的倍数来表示，因而称为相对离心力（RCF）。相对离心力是指在离心场中，作用于颗粒的离心力相当于地球重力的倍数，单位是重力加速度 g（980cm/s^2）。但由于转头的形状及结构的差异，每台离心机的离心管从管口至管底的各点与旋转轴之间的距离是不一样的，且沉降颗粒在离心管中所处位置不同，所受离心力亦不同。因此，在计算时规定旋转半径均用平均半径 r_{av} 代替：

$$r_{av}=\frac{r_{\min}+r_{\max}}{2} \qquad （1\text{-}2\text{-}6）$$

科技文献中离心力的数据通常是指平均值 RCF$_{av}$，即离心管中点的离心力。

一般情况下，低速离心时常以转速 r/min 表示，高速离心时则以 g 表示。g 可以更真实地反映颗粒在离心管内不同位置的离心力及其动态变化。

2.3.1.2　离心方法

离心方法主要有差速沉降离心法、速率区带离心法和等密度梯度离心法三种。对于普通离心机和高速离心机，由于所分离的颗粒大小和密度相差较大，通常采用差速沉降离心法，只要选择好离心速度和离心时间，就能达到分离效果。如果希望从样品液中分离出两种以上大小和密度不同的颗粒，则需要采用不同离心速度和离心时间进行多次离心分离。至于超速离心，则可以根据需要采用差速沉降离心法、速率区带离心法和等密度梯度离心法。

（1）差速沉降离心法

差速沉降离心法是最普通的离心法，即逐渐增加离心速度或低速和高速交替进行离心，使沉降速度不同的颗粒在不同的离心速度及不同离心时间下分批分离。此法一般用于分离沉降系数相差较大的颗粒。采用差速沉降离心法首先要选择好颗粒沉降所需的离心力和离心时间。当以一定的离心力在一定的离心时间内进行离心时，在离心管底部就会得到最大和最重颗粒的沉淀，分出的上清液在更大转速下再进行离心，又得到第二部分较大、较重颗粒的沉淀及含较小和较轻颗粒的上清液，如此多次离心处理，即能把液体中的不同颗粒较好地分离开。此法所得的沉淀是不均一的，仍含有其他成分，须经过两三次再悬浮和再离心，才能得到较纯的颗粒。此法主要用于分离组织匀浆液中的细胞器和病毒，其优点是操作简易，离心后用倾倒法即可将上清液与沉淀分开，并可使用容量较大的角式转子。缺点是须多次离心，沉淀中有夹带，分离效果差，不能一次得到纯颗粒，沉淀于管底的颗粒受挤压，容易变性失活。

（2）速率区带离心法

速率区带离心法是指在一定离心力的作用下，具有沉降系数差异的颗粒在密度梯度介质中以各自不同的速率沉降，一定时间后在介质中形成不同区带的分离方法。此法是一种不完全的沉降，仅用于分离有一定沉降系数差异的颗粒或相对分子质量相差 3 倍以上的蛋白质，与颗粒密度无关，大小相同而密度不同的颗粒不能用此法分离。

（3）等密度梯度离心法

当欲分离的不同颗粒的密度范围处于离心介质的密度范围时，在离心力的作用下，不同浮力密度的颗粒或向下沉降，或向上漂浮，只要时间够长，就可以一直移动到与它们各自的浮力密度恰好相等的位置（即等密度点），形成区带，这种方法称为等密度梯度离心法。等密度梯度离心法的有效分离取决于颗粒的浮力密度差，密度差越大，分离效果越好；与颗粒的大小和形状无关，但颗粒的大小和形状决定着达到平衡的速度、时间和区带宽度。

2.3.2　层析技术

层析法又称色层分析法或色谱法，是由俄国植物学家茨维特首先提出的。[1] 层析技术是近代生物化学最常用的分离方法之一，它是利用混合物中各组分的物理化学性质的差别（如吸附力、分子形状和大小、分子亲和力、分配系数等），使各组分不同程度地分布在两相中，其中一相是固定的，称为固定相，另一相则流过此固定相，称为流动相，从而使各组分以不同速度移动而达到分离的目的。层析法的最大特点是分离效率高，它能分离各种性质极其类似的物质，既可用于少量物质的分析鉴定，又可用于大量物质的分离纯化制备。

每个层析系统都包括固定相和流动相。

固定相是层析基质，是在色谱分离中固定不动、对样品产生保留作用的一相。它可以是固体物质（如吸附剂、凝胶、离子交换剂等），也可以是液体物质（如固定在硅胶或纤维素上的溶液），这些基质能与待分离的化合物进行可逆的吸附、溶解、交换等作用，对层析分离的效果起到关键作用，有时甚至起到决定

---

[1] 魏玉梅，潘和平．食品生物化学实验教程 [M]．北京：科学出版社，2017：48.

性作用。

流动相是在层析过程中，推动固定相中待分离的物质朝着一个方向移动的液体、气体或者超临界体等。在柱层析中一般称为洗脱剂或洗涤剂，在薄层层析中称为展开剂，它也是层析分离中的重要影响因素之一。

2.3.2.1 层析技术的分类

（1）按操作形式或固定相基质的形式分类

层析技术按操作形式或固定相基质的形式，可分为柱层析、纸层析、薄层层析等。柱层析是指将固定相装于柱内，使样品沿一个方向移动而达到分离的目的。纸层析是用滤纸作液体的载体，点样后，用流动相展开，以达到分离鉴定的目的。薄层层析是将适当粒度的吸附剂铺成薄层，用与纸层析类似的方法进行物质的分离和鉴定。

（2）按层析不同机理分类

层析技术按层析不同机理，可分为吸附层析、分配层析、离子交换层析和凝胶过滤层析等。吸附层析是利用吸附剂表面对不同组分吸附性能的差异进行分离。分配层析是利用不同组分在流动相和固定相之间的分配系数不同使之分离。离子交换层析是利用不同组分对离子交换剂亲和力的不同进行分离。凝胶过滤层析是利用某些凝胶对不同分子大小的组分的阻滞作用不同进行分离。

（3）按不同流动相与固定相分类

层析技术按不同流动相与固定相，可分为气固层析、气液层析、液固层析和液液层析。

2.3.2.2 常用层析技术

（1）吸附层析

吸附层析是应用最早的层析技术，其原理是利用固定相（吸附剂）对物质分子的吸附能力差异来实现对混合物的分离。任何两个相之间都可以形成一个界面，其中一个相中的物质在两相界面上的密集现象称为吸附。吸附剂一般是固体或者液体，在层析中通常应用的是固体吸附剂。吸附剂主要通过范德华力将物质聚集到自己的表面上，这样的过程就是吸附；然而，这种作用是可逆的，在一定条件下，被吸附的物质可以离开吸附剂表面，这样的过程就是解吸。

选择适合的吸附剂是取得良好分离效果的前提和关键。吸附能力的强弱与吸附剂以及被吸附物质的结构和性质密切相关，同时吸附条件、吸附剂的处理方法等也会对吸附分离效果产生影响。一般来说，极性强的物质容易被极性强的吸附剂吸附，非极性物质容易被非极性吸附剂吸附，溶液中溶解度越大的物质越难被吸附。

吸附剂通常由一些化学性质不活泼的多孔材料制成，常用的吸附剂有硅胶、羟基磷灰石、活性炭、磷酸钙、碳酸盐、氧化铝、硅藻土、泡沸石、陶土、聚丙烯酰胺凝胶、葡聚糖、琼脂糖、菊糖、纤维素等。❶ 此外，还可在吸附剂上连接亲和基团制成亲和吸附剂。选择吸附剂时，要考虑以下几点：吸附剂应当具有适当吸附力，颗粒均匀，表面积大；吸附选择性好，对不同组分的吸附力有一定差异，并且有足够的分辨力；稳定性好，不与被吸附物或洗脱剂发生化学反应，不溶解于层析过程中使用的任何溶剂和溶液；吸附剂与被吸附物的吸附作用是可逆的，在一定条件下可以通过洗脱而解吸。吸附剂在使用前，一般要经过一些活化处理来去除杂质，提高吸附力，增强分离效果。例如，氧化铝和活性炭等吸附剂在使用前要经过加热处理以除去吸附在其中的水分。有时，吸附剂需要经过酸处理以除去吸附在其中的金属离子。

根据相似相溶原理，极性强的吸附剂易吸附极性强的物质，非极性吸附剂易吸附非极性的物质。但为了便于解吸，对于极性强的物质通常选用极性弱的吸附剂进行吸附。对于一定的待分离系统，须通过实验确定合适的吸附剂。

洗脱剂应具备黏度小、纯度高、不与吸附剂或吸附物产生化学反应、易与目标分子分离等特点。洗脱剂的洗脱能力与介电常数有关，介电常数越大，其洗脱能力也越大。对于上述吸附剂，常用洗脱剂介电常数的大小依次为乙烷＞苯＞乙醚＞氯仿＞乙酸乙酯＞丙酮＞乙醇＞甲醇。

（2）分配层析

分配层析是以与惰性支持物（如滤纸、纤维素、硅胶等材料）结合的液体为固定相，以沿着支持物移动的有机溶剂为流动相构成的层析系统。分配层析是根据溶质在不同溶剂系统中分配系数的不同而使物质分离的一种方法。分配系数是指一种溶质在两种互不相溶的溶剂系统中达到分配平衡时，该溶质在固定相和流动相中的浓度比，可用 K 表示。

在分配层析中应用最广泛的是纸上分配层析，1944 年，生物化学家以滤纸为惰性支持物，以茚三酮为显色剂，建立了微量而简便的分离蛋白质水解液中氨基酸的方法。后来发现糖类、核苷酸、甾体激素、维生素、抗生素等物质也都能

---

❶ 韦庆益，高建华，袁尔东. 食品生物化学实验 [M]. 广州：华南理工大学出版社，2012：26.

用纸层析法进行分离。目前，纸层析法已成为一种常用的生化分离分析方法。纸层析装置主要由层析缸、滤纸和展开剂组成。

滤纸是理想的支持介质，滤纸纤维中的羟基具有亲水性，和水以氢键相连，能吸附 22% 左右的水，而滤纸纤维与有机溶剂的亲和力较弱，因此滤纸上吸附的水可作为固定相。在层析过程中通过毛细作用沿着滤纸流动的有机溶剂（流动相）流过层析点时，层析点的溶质就在水相和有机相之间进行分配，一部分溶质离开原点随着有机相移动而进入无溶质区域，另一部分溶质从有机相进入水相。当有机相不断流动时，溶质也就不断进行分配。溶质在有机相中的溶解度越大，则在纸上随流动相移动的速度越快。溶质在纸上的移动速度可用迁移率 R_f 表示：

$$R_f = \frac{\text{原点到层析点中心的距离}}{\text{原点到溶剂前沿的距离}} \qquad (1\text{-}2\text{-}7)$$

R_f 值主要取决于被分离物质在两相间的分配系数。在同一条件下 R_f 值是一个常数，不同物质的 R_f 值不同，这一性质可作为混合物分离鉴定的依据。R_f 值受分离物的结构、流动相组成、pH、温度、滤纸性质等多种因素的影响。

（3）亲和层析

生物分子间存在许多特异性的相互作用，如酶—底物或者抑制剂、酶—辅助因子、抗原—抗体、激素—受体等生物分子对之间具有的专一而可逆的结合力就是亲和力。亲和层析就是利用生物分子间这种特异的亲和力而进行生物分子分离纯化的技术。

将生物分子对中的一个分子固定在不溶性基质上，利用特异而可逆的亲和力对另一个分子进行分离纯化。不溶性基质又称为载体或担体，一般采用葡聚糖凝胶、琼脂糖凝胶、聚丙烯酰胺凝胶或者纤维素作为载体。被固定在载体上的分子称为配体，配体除了能与生物分子对中的另一个分子结合外，还必须与基质共价结合。载体一般需要进行活化处理，引入活泼基团，才能与配体偶联或者通过连接臂与配体偶联，常用的方法有叠氮法、溴化氰法、高碘酸氧化法、甲苯磺酰氯法、环氧化法、双功能试剂法等。

配体的固定化方法有多种，包括载体结合法、物理吸附法、交联法和包埋法四类。亲和层析常用小分子化合物作配体亲和吸附与其相配的大分子物质。但固定配体的时候，往往占据了配基小分子表面的部分位置，载体的空间位阻效应可能影响配基和亲和分子的密切吻合，会发生所谓的无效吸附。此外，琼脂糖活化后需要与配体的游离氨基相连，如果小分子配体本身是不具有氨基的化合物，偶联就不能实现。为了解决这两个问题，可以在琼脂糖载体与配体之间接入不同长度的化合物连接臂。

在进行亲和层析时，首先要根据欲分离物质的特性，寻找能够与之可逆性结合的物质作为配体，其次根据配体分子的大小及所含基团的特性选择适宜的载体，在一定条件下，使配体与载体偶联，将配体固定化，得到载体——配体复合物，就可以将其装入层析柱内进行亲和层析。当样品溶液通过层析柱时，待分离的物质与配体发生特异性结合而"吸附"到固定相上，其他不能与配体结合的杂质则随流动相流出，然后用适当的洗脱液将结合到配体上的待分离物质洗脱下来，这样就得到了纯化的待分离物质。

由于生物分子对之间的结合具有专一性，选择性很好，往往一次亲和层析操作就可把目的物从混合物中分离出来，对分离含量甚微的组分具有特殊的效果。因此，亲和层析的特点就是提纯步骤少。但是，亲和层析所用介质价格昂贵，且处理量不大，目前主要应用于实验室研究。

2.3.3　电泳技术

电泳是指带电颗粒在电场的作用下发生迁移的过程。许多重要的生物分子，如氨基酸、多肽、蛋白质、核苷酸、核酸等都具有可电离基团，它们在某个特定的 pH 下可以带正电或负电。在电场的作用下，这些带电分子会向着与其所带电荷极性相反的电极方向移动。电泳技术就是利用在电场的作用下，待分离样品中各种分子的带电性质以及分子本身大小、形状等性质的差异，使带电分子产生不同的迁移速度，从而对样品进行分离、鉴定或提纯的技术。

2.3.3.1　电泳技术的基本原理

生物大分子如蛋白质、核酸、多糖等大多都有阳离子和阴离子基团，称为两性离子，常以颗粒形式分散在溶液中，它们的静电荷取决于介质的氢离子浓度或与其他大分子的相互作用。在电场中，带电颗粒向阴极或阳极迁移，迁移的方向取决于它们带电的符号，这种迁移现象即电泳。

如果把生物大分子的胶体溶液放在一个没有干扰的电场中，使颗粒具有恒定迁移速率的驱动力来自颗粒上的有效电荷 Q 和电位梯度 E。它们与介质的摩擦阻力 f 抗衡。在自由溶液中这种抗衡服从斯托克斯定律：

$$F = 6\pi rv\eta \qquad (1\text{-}2\text{-}8)$$

式中，v 是在黏度为 η 的介质中，半径为 r 的颗粒的移动速度。但在凝胶中，这种抗衡并不完全符合斯托克斯定律。F 取决于介质中的其他因子，如凝胶厚度、颗粒大小甚至介质的内渗等。

2.3.3.2　电泳分离的主要影响因素

影响电泳分离的因素有很多，主要有以下几个方面。

（1）待分离物质的性质

待分离物质的带电性质、分子大小和颗粒形状等都对电泳有明显影响。通常情况下，物质所带净电荷量越大、直径越小、形状越接近球形，其迁移率越高。

（2）电场强度

带电颗粒的泳动速度和电场强度成正比，电场强度越大，则带电颗粒的移动速度越快。电场强度，又称为电位梯度或电势梯度，是指单位长度的电势差。根据电场电压的大小，可将电泳分为常压电泳和高压电泳，常压电泳的电场电压为 100～500V，电场强度一般为 2～10V/cm；高压电泳的电场电压为 500～10000V，电场强度为 20～200V/cm。

（3）溶液性质

①电泳介质的 pH。溶液的 pH 决定带电物质的解离程度，也决定物质所带净电荷的多少。对蛋白质、氨基酸等类似两性电解质而言，pH 离等电点越远，粒子所带电荷越多，泳动速度越快，反之越慢。因此，当分离某一种混合物时，应选择一种能扩大各种蛋白质所带电荷量差别的 pH，以利于各种蛋白质的有效分离。为了保证电泳过程中溶液的 pH 恒定，必须采用缓冲溶液。

②离子强度。离子强度代表所有类型的离子产生的静电力，它取决于离子电荷的总数。若离子强度过高，带电离子能把溶液中与其电荷相反的离子吸引在自己周围形成离子扩散层，导致颗粒所带净电荷减少，电泳速度降低。

③溶液黏度。电泳速度与溶液黏度成反比，黏度越大，电泳速度越小。

④电渗现象。液体在电场中，相对于固体支持介质的相对移动称为电渗。在有载体的电泳中，影响电泳移动的一个重要因素是电渗。最常遇到的情况是 γ-球蛋白从原点向负极移动，这就是电渗作用引起的倒移现象。产生电渗现象的原因是载体中常含有可电离的基团，如滤纸中含有羟基而带负电荷，与滤纸相接触的水溶液带正电荷，从而使液体向负极移动。由于电渗现象往往与电泳同时存在，带

电粒子的移动距离也受电渗影响，如果电泳方向与电渗相反，则实际电泳的距离等于电泳距离加上电渗的距离。琼脂中含有琼脂果胶，其中含有较多的硫酸根，所以在琼脂电泳时电渗现象很明显，许多球蛋白均向负极移动。除去琼脂果胶后的琼脂糖用作凝胶电泳时，电渗作用大为减弱。可将不带电的有色染料或有色葡聚糖点在支持物的中心，以观察电渗的方向和移动距离。

2.3.3.3　电泳技术的分类

电泳技术各式各样，按不同的标准，可以分成多种类型。

（1）按分离原理分类

①区带电泳。区带电泳是当前广泛应用的电泳技术。它是在均一的缓冲溶液中进行的，样品溶液以点样或铺薄层的形式加在支持介质上，然后在电场作用下，样品中各带电组分以不同的迁移率向正极或负极移动，逐渐分离成独立的区带，然后用染色等方法将区带显示出来。按支持介质的不同物理性状，可将区带电泳分为纸电泳、纤维（醋酸纤维、聚氯乙烯纤维、玻璃纤维等）薄膜电泳、粉末（淀粉、纤维素粉、玻璃粉等）电泳、凝胶（琼脂糖、聚丙烯酰胺凝胶、硅胶等）电泳与丝线（尼龙丝、人造丝）电泳。纸电泳是用滤纸作支持介质的一种早期电泳技术，尽管分辨率比凝胶介质差，但由于操作简单，仍有很多应用场合，特别是在血清样品的临床检测和病毒分析等方面有重要用途。

电泳的区带会随时间的延长而扩散严重，从而影响分辨率。然而，凝胶由于其分子筛作用，可以减小扩散，大大提高分辨率。

②移界电泳。移界电泳是在 U 型管中进行的，将待分离样品置于电泳槽的一端，在电泳开始前，样品与缓冲溶液就能形成清晰的界面，电场加在这个界面上，带电粒子向电极移动，泳动速度最快的离子在最前面，其他离子按照泳动速度大小顺序排列，形成不同的区带。带电颗粒的移动速度可通过光学方法观察界面的移动来测定。只有在最前面的离子区带是纯的，其他区带则相互重叠。

③稳态电泳。稳态电泳是带电颗粒在电场作用下，迁移一定时间后达到一个稳定状态，电泳条带的宽度不再随时间的变化而变化，如等速电泳、等电聚焦电泳。等电聚焦电泳是根据两性物质等电点（pI）的不同而进行分离的，具有很高的分辨率，可以分辨出等电点相差 0.01 的蛋白质，是分离两性物质如蛋白质的一种理想方法。等电聚焦电泳的分离原理是在凝胶中加入两性电解质形成一个pH 梯度，两性物质在电泳过程中会被集中在与其等电点相等的 pH 区域内，从而得到分离。两性电解质是人工合成的一种复杂的多氨基 — 多羧基的混合物。

不同的两性电解质有不同的 pH 梯度范围，要根据待分离样品的情况选择适当的两性电解质，使待分离样品中各个组分都在两性电解质的 pH 范围内，两性电解质的 pH 范围越小，分辨率越高。

（2）按有无固体支持物分类

①自由电泳。自由电泳包括显微电泳、柱电泳和移界电泳等。显微电泳也称为细胞电泳，是在显微镜下观察细胞的电泳行为；柱电泳在层析柱中进行，可利用密度梯度的差别使分离的区带不再混合，如果再配合 pH 梯度，则为等电聚焦柱电泳。

②支持物电泳。为了减少扩散和对流的干扰作用，出现了固定支持介质的电泳，即样品在固定的介质中进行电泳。根据支持介质的特点，可分为纸电泳、醋酸纤维素薄膜电泳、纤维素粉电泳、玻璃粉电泳、凝胶电泳等。根据支持介质的装置形式，可分为水平板式电泳、垂直板式电泳、垂直柱式电泳、连续液动电泳。根据 pH 的连续性，可分为连续 pH 电泳和非连续 pH 电泳，连续 pH 电泳即电泳过程中 pH 保持不变，非连续 pH 电泳即缓冲溶液和电泳支持介质间有不同的 pH，易在不同 pH 之间形成高的电位梯度区，使蛋白质移动加速并压缩为一种极窄的区带而达到浓缩效果。

（3）按电泳方式分类

①端电极电泳。端电极电泳有垂直式和水平式两种方式，多用于蛋白质电泳。

②搭桥电泳。搭桥电泳为水平式，水平板式电泳槽形式多样，凝胶和缓冲溶液通过间接接触的方式，如用滤纸桥搭接、用缓冲溶液制作的凝胶条或滤纸条搭接，多用于免疫电泳和等电聚焦电泳。

③潜水电泳。潜水电泳为水平式，电泳时凝胶浸于缓冲溶液中，多用于核酸电泳。

2.4　食品化学实验常用仪器

2.4.1　分光光度计

2.4.1.1　分光光度计的基本构造

分光光度法使用的仪器——分光光度计，主要由五部分组成，即辐射光源、分光系统（单色器）、吸收池（样品池）、光电检测器、数据示值系统（显示器）。

（1）辐射光源

一个良好的光源要求具备发光强度高、光亮稳定、光谱范围较宽和使用寿命长等特点。分光光度计常用的光源有两种，即钨灯和氢灯。在可见光区、近紫外区和近红外区常用钨灯，其发射连续波长范围为 320～2500nm。在紫外区用氢灯或氘灯，氢灯内充有低压氢，在两极间施以一定电压来激发氢分子发出紫外线，其发射连续辐射光谱波长为 190～360nm。氘灯（重氢灯）发射连续辐射光谱波长范围为 180～500nm，一般情况下，氘灯的辐射强度是氢灯的 3～5 倍，使用寿命也比氢灯长，目前大多数分光光度计都使用氘灯。为使发出的光线稳定，光源的供电需要由稳压电源供给。

（2）分光系统（单色器）

分光系统的核心部件是单色器，其主要功能是将光源发出的光分离成所需要的单色光。单色器由入射光狭缝、准直镜、色散元件、聚焦元件（物镜）和出射光狭缝构成。常用的色散元件有棱镜和光栅。狭缝是指由一对隔板在光通路上形成的缝隙，用来调节入射单色光的纯度和强度，也直接影响分辨率。入射光狭缝使光线成为细长条照射到准直镜，准直镜可使入射光成为平行光射到色散元件，色散后的光再经聚光镜聚焦到出射光狭缝，转动棱镜或光栅可使需要的单色光从出射光狭缝分出。狭缝的宽度一般在 0～2nm 可调。出射光狭缝的宽度通常有两种表示方法：一为狭缝的实际宽度，以毫米表示，二为光谱频带宽度，指由出射光狭缝射出光束的光谱宽度，以纳米表示。

（3）吸收池（样品池）

吸收池的别称有样品池、比色皿等。吸收池的材质有玻璃和石英等。玻璃材质的吸收池一般用于可见光范围的测量，石英材质的吸收池一般用于紫外光范围的测量。

保护吸收池的质量是取得良好分析结果的重要条件之一，吸收池上的指纹、油污或壁上的一些沉积物都会影响其透光性，因此务必注意仔细操作和及时清洗。

（4）光电检测器

紫外分光光度计常用光电管和光电倍增管作为光电检测器，光电管装有一个阴极和一个阳极，阴极用对光敏感的金属做成，当光射到阴极且达到一定能量时，金属原子中的电子便会发射出来。光越强，光波的振幅越大，电子放出越多。光电管产生电流较小，透射光变成的电信号需要放大处理。目前分光光度计通常使用电子倍增光电管，在光照射下产生的电流比其他光电管要大得多，可提高测定的灵敏度。

（5）数据示值系统（显示器）

分光光度计示值仪表有指针式和数显式，有百分透光率（T）和吸光度（A）两种表示方法，现有不少分光光度计配有浓度直读装置。

分光光度计的种类很多，使用功能不断增强，操作界面和操作方法不尽相同，实验人员要仔细阅读使用说明书，按其要求使用仪器。不过，各类型仪器的操作均包括以下步骤。

①打开仪器电源，预热仪器。

②选择合适的波长。

③将待测液倒入比色皿，使液面高度达到比色皿 2/3 的高度，用擦镜纸将透光面外部擦净。

④将比色皿垂直有序放入比色架，光路要通过透光面。

⑤将参比对照溶液放入，进行 T 调零和 A 调零。

⑥依次测定样品的吸光值。如有多个样品测定，要注意保留参比对照溶液。

2.4.1.2　使用分光光度计的注意事项

（1）注意防震、防潮、防光及防腐蚀

①防震。仪器应放在平稳台面上，不要随意搬动，操作时动作要轻缓，以防损坏机件。

②防潮。光电池受潮后，灵敏度会下降甚至失效。因此，仪器应放在干燥的地方，或在光电池附近放置一定的干燥剂（如硅胶）。

③防光。光电池平常不宜受光照射，使用时也应注意防止强光照射，更要避免长时间照射。

④防腐蚀。具有腐蚀性的物质（如强酸、强碱等）都能损坏仪器。在盛装待测液时，达到比色皿的 2/3 即可，不宜过多，以免溶液溢出。移动吸收池时，动作要轻缓，以防溶液溅出。

（2）控制吸光值

定性定量检测时，样品的吸光值尽可能控制在 0.1 ～ 1.0，以减少吸光度误差。样品在进行光谱扫描过程中，高浓度的样液无法真实反映样品的吸收光谱曲线，光谱带中的吸收峰值无法正确检出。

（3）保持条件稳定

稳定透明的样液是进行定性定量分析的前提（测定溶液的澄清度除外），因此应选择合适的显色剂、最佳的试剂加入量、显色时间，检测样品与标准物质应尽可能在相同条件下进行测定，以提高检测重现性。

（4）使用同一台仪器

使用成套的比色皿，提高仪器波长的准确性、光源电压的稳定性等，是获取准确、可靠的分析结果的保障。运用分光光度计法进行检测时，同批次待测样品应尽可能在同一台分光光度计中完成检测。

（5）检测比色皿的成套性检查

①光学玻璃比色皿成套性检查。将波长设置为600nm，在一组比色皿中加入适量蒸馏水，以其中任一比色皿为参比，调整透光率为95%，测定并记录其他各比色皿的透光率值。比色皿间的透光率偏差小于0.5%的即视为同一套。

②石英比色皿成套性检查。将波长设置为220nm，在一组比色皿中加入适量蒸馏水，检查方法同上。

（6）鉴别玻璃比色皿

将待鉴别的比色皿放入紫外可见分光光度计，选择紫外光区波长，以空气调节仪器零点，测定比色皿的吸光值，因玻璃吸收紫外光，比色皿空气吸光示值无穷大，无法检出，则可确定此器皿是玻璃比色皿。

2.4.2 荧光测定仪器

测定荧光可以用荧光计和荧光分光光度计。前者结构较为简单且价格便宜，而后者构造精细，不仅定量测定的灵敏度和选择性高，而且可用于荧光物质的定性鉴定，应用广泛。二者的基本仪器构造是相似的。由光源发出的光，经单色器让特征波长的激发光通过，照射到液槽使荧光物质发射出荧光，经第二个单色器让待测物产生的特征波长荧光通过，照射到检测器而产生光电流，经放大后以指针指示或利用记录仪记录其信号。仪器的主要构件如下。

2.4.2.1 光源

理想的激发光源能发出含有各种波长的紫外光和可见光，光的强度要足够大，而且在整个波段范围内强度一致。理想的光源不易得到，目前应用最多的光源是汞灯、溴钨灯、氙弧灯，其中氙弧灯发出的光波强度大。

2.4.2.2　单色器

单色器是荧光分光光度计的主要部件，其作用是将入射光色散为各种不同波长的单色光，常用的单色器主要为棱镜和光栅。测定荧光的仪器需有两个单色器，第一单色器放在光源和液槽之间，其作用是滤去非特征波长的激发光；第二单色器放在液槽和检测器之间，以滤去反射光、散射光和杂荧光，让特征波长的荧光通过。荧光分光光度计采用石英棱镜或光栅作为单色器，分光能量强，从而提高了分析检测的灵敏度和选择性。第二单色器和检测器与光源呈 90° 分布，是为了防止透射光对荧光强度的干扰。

2.4.2.3　液槽

液槽用来装溶液。由于普通的玻璃能够吸收 323nm 以下的光，因此液槽一般用石英制成，而且四面均为透光面。

2.4.2.4　检测器

荧光分光光度计采用光电倍增管作为检测器，将其接收到的光信号转变为电信号，采用不同类型光电阴极的光电倍增管，能得到不同效应的荧光光谱。

荧光计和荧光分光光度计的操作方法与分光光度计有以下几点不同：第一，需要分别选择激发光波长和荧光波长；第二，比色池的四个面均为透光面，比色池架一次只能放一个比色池，测定时，比色池的四个透光面均要擦干净；第三，为了防止长时间光照对荧光强度造成影响，只需在读数时短时间打开光路。

2.4.2.5　记录系统

经光电倍增管放大的电信号由记录器记录荧光强度，配备自动分析处理系统进行荧光光谱曲线分析，以定量计算的方式提供了简便和多样化的选择。

2.4.3　气相色谱仪

气相色谱仪一般由五部分构成，即气路系统、进样系统、分离系统、检测系统和记录系统。

2.4.3.1　气路系统

气路系统包括气源和气路控制系统，主要作用是提供稳定且可调节的气流以保证气相色谱仪正常运转。

气源是为气相色谱仪提供载气和辅助气体的装置，通常由高压钢瓶或气体发生器提供。气相色谱仪对载气的纯度要求很高（纯度 ≥ 99.999%）。这是因为气体中的杂质会增大检测器的噪声，降低仪器的灵敏度，影响色谱柱的性能，严重的可能还会污染检测器。因此，在实际工作中要在气源与仪器之间连接气体净化装置。

气体中的杂质主要是一些永久气体、低分子量的有机化合物及水蒸气，净化程度主要取决于使用的检测器及分析要求。对一般检测器，可使用一根装有变色硅胶、分子筛、活性炭的净化管作为净化装置。分子筛可以吸附有机杂质，变色硅胶可除去气体中的水蒸气。实际操作时可根据检测器的噪声水平判断气体的纯度，如果噪声明显增大，就要检查气体纯度。净化装置中的填料需要定期更换，更换频率根据实际情况而定，一般气体钢瓶三个月更换一次，气体发生器每月更换一次。分子筛和变色硅胶等填料可重新活化后使用。重新装填过滤装置时要除去填料中的粉末，以避免其被载气带入色谱系统，造成气路堵塞。当前大部分气相色谱仪本身带有气体净化器，除要定期更换填料外，也应该在气源和仪器之间附加一个净化装置。

气路控制系统的好坏直接影响分析的重现性，尤其是在毛细管气相色谱中，柱内载气流量一般为 1 ～ 3mL/min，如果控制不精确，就会造成保留时间无法重现。因此，在气相色谱仪中，往往采用多级控制方法。

2.4.3.2　进样系统

进样系统由进样器、气化室和温控部件组成。进样通常由微量注射器和进样阀完成。液体试样进样采用微量注射器或自动进样器，气化室用于将液体试样瞬间气化而不分解，因而热效应明显。固体试样溶解后与液体的进样操作相同。气体进样采用推拉式和旋转式六通阀两种方式。

2.4.3.3　分离系统

分离系统由色谱柱、柱箱及温控等部件组成。色谱柱是色谱仪的主要部分，主要有填充柱和毛细管柱两类。

填充柱装填有固定相，其内径一般为 2～4mm，长为 1～3m，材料多为不锈钢。新制备的填充柱要进行老化处理以除去柱内残留的溶剂、固定液中低沸程馏分及易挥发杂质，使固定液分布均匀。

毛细管柱也称为空心柱，分为涂壁、多孔层或涂载体几种形式，其中涂壁空心柱是将固定液涂在玻璃或石英等材质的毛细管内壁上制成的，其内径一般为 0.1～0.5mm，长为 25～100m。毛细管柱分离效率高，传质阻力小，分析速度快，但管柱容量小，对检测器要求高。

2.4.3.4　检测系统

气相色谱检测器的种类很多，有热导检测器（TCD）、氢火焰离子化检测器（FID）、电子捕获检测器（ECD）、火焰光度检测器（FPD）、氮磷检测器（NPD）、原子发射检测器（AED）、硫荧光检测器（SCD）等。

根据检测器的响应原理，可分为浓度型检测器和质量型检测器。浓度型检测器检测的是载气中组分浓度的瞬间变化，即响应值与浓度成正比。质量型检测器检测的是载气中组分进入检测器的速度变化，即响应值与单位时间进入检测器的量成正比。

热导检测器是基于不同物质的导热系数不同而设计的检测器，其结构简单，对无机和有机化合物均能响应，但灵敏度不高。电子捕获检测器是根据载气在 β 射线照射下产生电离而设计的，该法对卤素、硫、磷、氮及氧的响应性和灵敏度均很高，但线性范围较窄。

氢火焰离子化检测器以氢气和空气燃烧生成的火焰为能源，将有机化合物离子化，生成的正离子和电子定向移动形成离子流，该离子流经放大器放大后，得到检测信号。氢火焰离子化检测器由离子室和放大器组成，离子室包括气体入口、火焰喷嘴、电极和金属罩。各种待测组分在检测器中离子化的机理还不明确，但目前普遍认为是发生了化学电离。氢火焰离子化检测器是一种通用型检测器，特别适合碳水化合物的检测，其检测速度快、稳定性好、体积小且线性范围宽；但不适合在氢火焰中不电离的无机化合物，如 CO、CO_2 等的检测。

火焰光度检测器由离子室、滤光片和光电倍增管三部分组成。当含硫试样进入离子室时，会在低温氢气焰中燃烧，有机硫化物首先被氧化成 SO_2，再被氢还原为 S 原子，后者生成激发态分子，返至基态时发射 350～430nm 光谱。含磷试样则被氢还原为 HPO_3，发射 480～600nm 光谱。火焰光度检测器对含磷和含硫有机化合物的选择性高，检出限高达 10^{-12}g/L，常用于有机磷和硫农药残留分析。

2.4.3.5　记录系统

记录系统的作用是采集并处理检测系统输出的信号以及显示色谱分析结果，主要包括记录仪，有的色谱仪还配有数据处理器。现代色谱仪多采用色谱工作站的计算机系统，不仅可对色谱数据进行自动处理和记录，还可对色谱参数进行控制。

2.4.4　高效液相色谱仪

随着色谱技术的发展，高效液相色谱仪的型号和类型越来越多。但是，所有高效液相色谱仪的结构都可分为四部分，即高压输液系统、进样系统、分离系统和检测系统。此外，还配有辅助装置，如梯度淋洗装置、自动进样装置及数据处理系统等。

2.4.4.1　高压输液系统

高压输液系统由溶剂贮液系统、溶剂脱气装置、高压输液泵和梯度洗脱装置组成。其中，高压输液泵是核心部件。

溶剂贮液系统用于贮存符合高效液相色谱（HPLC）要求的流动相，具有化学惰性，由不锈钢、玻璃等耐腐蚀性材料制成。贮液瓶位置应高于泵位置，以产生静压差。在使用过程中，贮液系统应保证密闭，以防止因蒸发或气体进入而引起流动相组成改变。

当溶剂中的气体流经柱子时，气泡受压而收缩或逸出，当进入检测器时，因压力骤降而释放，使基线不稳，噪声增大，甚至仪器不能正常运行，因此，溶剂进入高压泵前必须进行脱气处理。溶剂脱气分为离线脱气和在线真空脱气，前者包括真空脱气、超声波脱气和氦脱气，较常用的是真空脱气，使用 0.45μm 滤膜（有机相膜和水相膜须分清）并减压至 0.06MPa 即可。除此之外，还有加热回流法脱气。

高压输液泵的性能对色谱图结果影响极大。输液泵必须确保流量稳定、流量可调范围宽、输出压高、密封性能好、泵死体积小等。泵的使用和维护同等重要，如流动相不可含有腐蚀性成分、流动相须脱气、泵不能空转等。输液泵分为恒流泵和恒压泵，目前应用较多的是恒流泵。

2.4.4.2　进样系统

进样系统的作用是将待测样品组分引入色谱分离系统。与气相色谱相比，高效液相色谱的色谱柱较短，柱外展宽较突出。柱外展宽是指色谱柱外的因素引起的色谱峰展宽，主要包括进样系统、连接管道及检测器中存在的死体积。柱外展宽分为柱前和柱后展宽，进样系统是引起柱前展宽的主要原因，所以高效液相色谱仪对进样技术要求较严。

目前，高效液相色谱仪的进样系统分为手动进样系统和自动进样系统。应用较多的手动进样系统主要包括注射器进样装置和高压定量进样阀。

（1）注射器进样装置

该装置将试样用微量注射器刺过装有弹性隔膜的进样器，针尖直达上端固定相或多孔不锈钢滤片，然后快速按下注射器，试样以小液滴的形式到达固定相床层的顶端。但是该方法不能承受高压，在压力超过 $150 \times 10^5 Pa$ 时，密封垫泄漏，所以不能实现带压进样。为此可采用停留进样的方法，打开流动相排泄阀，使柱前压降为零，注射器按前述方法进样后，关闭阀门使流动相压力恢复，把试样带入色谱柱。由于液体的扩散系数很小，试样在柱顶的扩散缓慢，所以停留进样同样能产生不停留进样的效果，但是停留进样方式不能取得精确的保留时间，峰形的重现性也较差。

（2）高压定量进样阀

高压定量进样阀一般常用的是六通阀，是一种直接向压力系统内进样而不停止流动相的进样装置。工作原理如图 1-2-1 所示。操作分两步进行：当六通阀处于装样位置时，2 和 3 相通、4 和 5 相通，试样用微量进样器由 1 注入一定容积的定量管中。定量管容积的大小根据进样量的多少选用。

微量进样器所取试液要比定量管的容积大 3～5 倍，多余的试样通过连接 2 的管道溢出。进样时，将阀芯顺时针迅速旋转 60°，使阀处于进样位置。这时，4 和 3 相通、6 和 5 相通，储存于定量管中固定体积的试样就被送入柱中。

六通阀的进样体积由定量管的体积严格控制，故进样准确、重现性好，适于定量分析。进样量的调整可通过更换不同体积的定量管或直接由微量进样器控制。

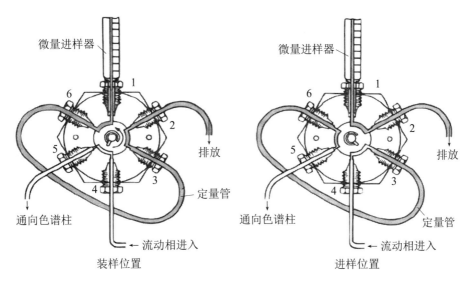

微量进样器

微量进样器

排放

排放

定量管

定量管

通向色谱柱

通向色谱柱

← 流动相进入

← 流动相进入

装样位置

进样位置

图 1-2-1 六通阀示意图

2.4.4.3 分离系统

色谱柱是色谱仪的心脏，商品化的 HPLC 填料，如硅胶、硅胶为基质的键合相及氧化铝等，其粒度通常为 3μm、5μm、7μm 及 10μm。色谱柱分为分析型和制备型，制备型色谱柱固定相粒度通常较大，而分析型色谱柱固定相粒度通常较小。色谱柱分离系统由保护柱、色谱柱及柱温箱组成。其中，色谱柱装填等对整个色谱实验起到决定性作用。要求装好的色谱柱均匀紧密，无裂纹和气泡，无颗粒破坏且颗粒度有良好的均一性。另外，色谱柱也需要经常清洗以清除残留的各种杂质。柱温箱通常控制温度在 30 ～ 40℃。HPLC 填充柱效可达 50000 ～ 160000/m 理论塔板数。

2.4.4.4 检测系统

检测系统的作用是把洗脱液中的组分转变为电信号，并由数据记录和处理系统绘制出色谱图进行定量和定性分析。理想的检测器应具有较高的灵敏度、较好的重现性、较快的响应速度、较宽的线性范围、较低的噪声（对温度、流量等条件变化不敏感）和较广的使用范围。

根据检测原理，检测器可分为光学检测器（紫外检测器、荧光检测器、示差折光检测器等）、热学检测器（吸附热检测器）、电化学检测器（极谱检测器、库仑检测器等）、电学检测器（电导检测器、介电常数检测器等）和放射性检测器等。在这里简单介绍几种常用的检测器。

（1）紫外检测器

紫外检测器是液相色谱中应用最为广泛的检测器，用于有紫外吸收物质的检测，组分浓度与吸光度的关系遵守朗伯——比尔定律。紫外检测器分为固定波长检测器、可变波长检测器和光电二极管阵列检测器。

紫外检测器的最小检测浓度可达 10^{-9}g/mL，因此即使对紫外光吸收较弱的物质，也可用这种检测器检测。这种检测器对温度和流速不敏感，可用于梯度洗脱。光电二极管阵列检测器是紫外检测器的一个重要进展，它采用光电二极管阵列作为检测元件，构成多通道并行工作，同时检测由光栅分光后入射到阵列式接收器上的全部波长的光信号，然后对二极管阵列快速扫描采集数据，得到的吸收值是保留时间和波长函数的三维色谱光谱图。由此可及时观察与每一组分的色谱图相应的光谱数据，从而迅速决定具有最佳选择性和灵敏度的波长。

（2）荧光检测器

荧光检测器是一种灵敏度高、选择性好的检测器，可检测能产生荧光的化合物（如多环芳烃、维生素 B、黄曲霉毒素、卟啉类化合物等）。某些不发荧光的物质可通过化学衍生化生成荧光衍生物，再进行荧光检测。该检测器的最小检测浓度可达 0.1ng/mL，适用于痕量分析；一般情况下，荧光检测器的灵敏度比紫外检测器约高两个数量级，但其线性范围不如紫外检测器宽。近年来，以激光为荧光检测器的光源而产生的激光诱导荧光检测器大大增强了荧光检测的信噪比，因而具有很高的灵敏度，在痕量和超痕量分析中得到广泛应用。

荧光检测器按单色器的不同，可分为固定波长荧光检测器和荧光分光检测器；按有无参比光路，可分为单光路荧光检测器和双光路荧光检测器。

（3）示差折光检测器

这是一种浓度型通用检测器，对所有溶质都有响应，某些不能用选择性检测器检测的组分，如高分子化合物、糖类、脂肪、烷烃等，可用示差折光检测器检测。示差折光检测器是基于连续测定样品流通池和参比流通池之间折射率的变化来测定样品含量的。光从一种介质进入另一种介质时，由于两种物质的折射率不同就会产生折射。只要样品组分与流动相的折射率不同，就可被检测，二者相差越大，灵敏度越高，在一定浓度范围内检测器的输出与溶质浓度成正比。

示差折光检测器按其工作原理可分为折射式、反射式、干涉式和多普勒效应示差折光检测器。

（4）电化学检测器

电化学检测器根据电化学原理和物质的电化学性质进行检测。对于那些没有紫外吸收或不能发出荧光但具有电活性的物质，可采用电化学检测器进行检测。若在分离柱后采用衍生技术，还可将它扩展到非电活性物质的检测。

电化学检测器属于选择性检测器，主要有安培、极谱、库仑、电位、电导等类型，可检测具有电活性的化合物。目前它已在各种无机和有机阴阳离子、生物组织和体液的代谢物、食品添加剂、环境污染物、生化制品、农药及医药等的测定中得到广泛应用。

2.4.5 离心机

2.4.5.1 离心机的分类

（1）按转速分类

离心机多种多样，按照离心机最大转速的不同，通常分为普通离心机、高速离心机和超速离心机三种。

普通离心机的最大转速为 6000r/min 左右，分离形式为固液沉降分离，用于收集易沉降的大颗粒物质，转头有角转头和水平转头，其转速不能严格控制，多数在室温下操作。

高速离心机的最大转速为 20000 ～ 25000r/min，分离形式也为固液沉降分离，一般配有角转头、水平转头、区带转头和垂直转头等不同转头，还配有制冷系统，以消除高速旋转的转头与空气摩擦而产生的热量。这种离心机转速和温度控制较准确，离心室温度可以调节和维持在 0 ～ 4℃，可以用于酶等生物活性分子的分离。

超速离心机的最大转速可达 150000r/min，分离形式为密度梯度区带分离或者差速沉降分离，一般配有角转头、水平转头和区带转头。除了配有制冷系统、温度控制和速度控制外，超速离心机与高速离心机的主要区别就是装有真空系统，离心在真空条件下进行，使离心室温度变化更容易控制，保证超高转速情况下离心机的安全运行。

（2）按用途分类

超速离心机按照其用途，可以分为制备型超速离心机、分析型超速离心机和分析 — 制备型超速离心机三种。

制备型超速离心机主要用于细胞器、生物大分子等的分离纯化。

分析型超速离心机使用了特殊设计的转头和光学检测系统，以便连续地监视物质在一个离心场中的沉降过程，从而确定其物理性质。这类离心机的优点在于能够在很短的时间内，通过少量样品获得一些重要的信息；能够确定生物大分子是否存在及其大致的含量；计算生物大分子的沉降系数；结合界面扩散，估计分子的大小；检测分子的不均一性及混合物中各组分的比例；测定生物大分子的相对分子质量；还可以检测生物大分子的构象变化等。

分析 — 制备型超速离心机则同时具有对生物大分子的分离纯化和分析检测功能。在进入离心实验时，可以根据需要进行选择使用。

2.4.5.2　离心机的构造

（1）转头

①角转头。角转头是指离心管腔与转轴成一定倾角的转头。它由一块完整的金属制成，有 4 ～ 12 个离心管腔，离心管腔的中心轴与转轴之间的角度在 20° ～ 40°，角度越大，沉降、分离效果越好。这种转头重心低、运转平衡、转速较高，样品颗粒穿过溶剂层的距离略大于离心管的直径，又因为有一定的角度，所以在离心过程中颗粒先撞到离心管外壁，再沿着管壁滑到管底形成沉淀，这就是"壁效应"。壁效应容易使沉降颗粒被突然变速产生的对流扰乱，影响分离效果。

②水平转头。水平转头由吊着 4 或 6 个自由活动的吊桶（离心管套）构成。当转头静止时，吊桶垂直悬挂，置于吊桶内的离心管中心轴与旋转轴平行，随着转头旋转加速，吊桶逐渐甩至水平位置，离心管中心与旋转轴成 90° 角。离心时被分离的样品带垂直于离心管中心轴，有利于离心后从管内分层取出已分离的样品带。但由于颗粒沉降路径长，离心需要的时间也比较长。

③垂直转头。垂直转头的离心管垂直插入转头孔内，在离心过程中离心管始终与旋转轴平行，而离心时液层从开始的水平方向变成垂直方向，转头降速时，垂直分布的液层又逐渐趋向水平，待旋转停止后，液面又完全恢复成水平方向。样品颗粒沉降距离不大于离心管的直径，离心所需的时间短。

④区带转头。区带转头无须离心管，主要由一个空腔和可旋开的顶盖组成，空腔中装有十字形隔板装置，把空腔分隔成四个或多个扇形小室，隔板内有导管，能够将梯度液或样品液从转头中央的进液管泵到转头外周，转头内的隔板可保持样品带和梯度液的稳定。样品颗粒在区带转头中的沉降情况不同于角转头和水平转头，在径向的散射离心力作用下，颗粒的沉降距离不变，因此，区带转头产生的壁效应极小，可以避免区带和沉降颗粒的紊乱，分离效果好、转速高、容

量大，梯度回收容易且不影响分辨率。其缺点是样品和梯度液直接接触转头，对转头的耐腐蚀性能要求高，操作过程也比较复杂。

（2）离心管

①塑料离心管。塑料离心管常用的材料有聚乙烯、聚碳酸酯、聚丙烯等，其中聚丙烯管性能较好。塑料离心管的优点是透明或半透明，硬度小，可用穿刺法取出；缺点是易变形，抗有机溶剂腐蚀性差，使用寿命短。用塑料离心管离心前，管盖必须盖严，确保倒置不漏液。管盖可以防止样品外泄，在用于具有放射性或强腐蚀性的样品时尤其重要，还可防止样品挥发、防止离心管变形。

②不锈钢离心管。不锈钢离心管是用优质合金制成的，具有强度大、不易变形、抗热等优点。不过要注意避免不锈钢离心管和腐蚀性化学药品之间的接触。

2.4.5.3 使用离心机的注意事项

离心机是开展化学实验时经常用到的一种精密仪器。若是操作不当，很可能导致实验事故的发生。因此，在操作离心机时，应当严格按照规定来进行，并明确各类注意事项。使用离心机具体需要注意以下几点。

第一，使用各种离心机时，必须先在天平上精密地平衡离心管及其内容物，平衡时质量之差不得超过各个离心机说明书上所规定的范围，每个离心机不同的转头有各自的允许差值，转头中绝对不能装载单数的管子，当转头只是部分装载时，管子必须互相对称地放在转头中，以便使负载均匀地分布在转头周围。

第二，在进行化学试验时，要注意根据离心液体的性质来选择合适的离心管。并且，由于离心管的样式不同，在装载溶液时也要注意区别。有的离心管没有盖子，那么在用其装载液体时，就不能装得过多，避免离心时液体被甩出去。制备型超速离心机的离心管则常常要求必须将液体装满，以免离心时塑料离心管的上部凹陷变形。

第三，转头是离心机上的重要部件，在每次使用完离心机后，都要将转头清洗干净并进行擦干处理。在搬动机器时，也要注意保护好转头。

第四，如果要在温度较低的环境下使用离心机，那么要将离心机的转头提前放置到冰箱中进行预冷处理。

第五，在离心机运作的过程中，检测人员应当位于设备附近，仔细观察离心机上的仪表工作情况，若发现仪表异常，要立即停机进行检查，等到故障修复后，再继续使用。

第六，离心机的转头是有最高转速限制的。在使用离心机前，务必要仔细阅读说明书，不能过速使用机器。离心机转头高速使用是有时间要求的，在运用机器时要注意认真填写使用记录，若转头的高速使用时限已到，那么就要按照相关规定进行降速使用。

思考题：

①在分光光度计法中，影响吸光系数的因素有哪些？
②液相色谱法与气相色谱法相比，优势是什么？
③试述几种主要的离心方法及其特点。
④简述高效液相色谱仪中用到的六通阀的工作原理。

3 食品主要成分分析

食品是人类生活中必不可少的一部分，不仅提供了营养和能量，也承载着人们对生活的美好期盼。但是，对于食品的认知不能仅仅停留在味道和口感上，更需要深入了解其中的成分和营养价值。因此，本章将从食品营养成分、色香味成分、添加剂、有害成分四个方面对食品进行解构分析，以此引导读者更加科学地对待食物。

3.1 食品营养成分分析

3.1.1 水分

3.1.1.1 概述

（1）水的定义

水是地球上唯一一种以 3 种物理状态广泛存在的物质，水也是地球上储量最多、分布最广的一种物质，不仅集中存在于江河海洋中，也存在于绝大部分生物体中。地球上植物、动物、微生物的生命活动都需要水。

水是生物体中含量最高的组分，其含量一般为 70% ～ 80%。水在人体内的含量，随着年龄的增长而逐渐减少，成年人的含水量为 58% ～ 67%。水在人体内的分布也是不均匀的，肌肉、脑、肝脏、胃等的含水量为 70% ～ 80%，皮肤为 60% ～ 70%，骨骼为 12% ～ 15%。此外，人体内的水分处于动态变化之中，正常情况下，每人每日需要从食物中摄取 2 ～ 2.7L 的水，并以汗、尿等形式排出，以维持人体内水的平衡。❶

---

❶ 郑元英 . 中老年人营养与健康长寿 —— 祝中老人健康长寿 [M]. 成都：四川科学技术出版社，1988：29.

（2）食品中水的作用

食品中水的含量、分布和状态对食品的结构、外观、质地、风味、色泽、流动性、新鲜程度和腐败变质的敏感性具有极大的影响。例如，水与蛋白质、多糖和脂类会通过物理作用影响食品的质构，如新鲜度、硬度、流动性等；水还能发挥膨润、浸透、均匀化食品等方面的作用，从而影响食品的加工适应性。

除了与食品的质量有关外，水还是生物体最基本的营养素。水的热容量大，可以作为维持体温的载体，若人体内热量增多或减少也不致引起体温出现大的波动。水的蒸发潜热大，蒸发少量汗水即可散发大量热能，通过血液流动使全身体温保持平衡。对于人体来说，水还是一种溶剂，可以承担人体内营养运输的任务。水是一种天然的润滑剂，可使摩擦面润滑，减少损伤。水是优良的增塑剂，同时又是生物大分子化合物构象的稳定剂，以及包括酶催化在内的大分子动力学行为的促进剂。此外，水也是植物进行光合作用过程中合成碳水化合物所必需的物质。

3.1.1.2　水和冰的物理性质

水在常温常压下为无色无味的透明液体，是一种可以在液态、气态和固态之间转化的物质。比较水与一些具有相近分子量及相似原子组成的分子的物理性质时，发现除了黏度外，熔点、沸点、比热容、相变热、表面张力和介电常数等均有明显提高。

水的这些热学性质对食品加工的冷冻和干燥过程有重大影响。水的密度较低，水结冰时体积增加，表现出异常的膨胀特性，这会导致食品冻结时组织结构被破坏。水的热导值也大于其他液态物质，冰的热导值稍大于非金属固体。0℃时，冰的热导值约为同一温度下水的4倍，这说明冰的热传导速率比生物组织中非流动的水快得多。从水和冰的热扩散系数值可看出，冰的热扩散速率约为水的9倍，表现为在一定的环境条件下，冰的温度变化速率比水大得多。因而可以解释在温差相等的情况下，为什么生物组织的冷冻速率比解冻速率更快。

3.1.2　蛋白质

3.1.2.1　概述

（1）蛋白质的定义

蛋白质是一类大分子物质，可以在酸、碱或蛋白酶的作用下水解为小分子物质。蛋白质彻底水解后，能得到其基本组成单位——氨基酸。存在于自然界中的氨基酸有 300 余种，但是参与构成蛋白质的氨基酸通常有 20 种，并且它们均属于 L-α-氨基酸（甘氨酸除外）。这些氨基酸以不同的连接顺序通过肽键连接起来，构成蛋白质。除脯氨酸外，自然界中的氨基酸分子至少含有一个羧基、一个氨基和一个侧链 R 基团。氨基位于 α-碳，所以一般称为 α-氨基酸。

（2）蛋白质的结构

蛋白质是以氨基酸为单元构成的大分子化合物，分子中每个化学键在空间的旋转状态不同，会导致蛋白质分子构象不同。所以，蛋白质的空间结构非常复杂。在描述蛋白质的结构时，通常是在以下不同结构水平上对其进行描述。

①一级结构。蛋白质的一级结构指由肽键结合在一起的氨基酸残基的排列顺序，其可以决定蛋白质的基本性质，并影响二级和三级结构。蛋白质肽链中带有游离氨基的一端称作 N-端，带有游离羧基的一端称作 C-端。许多蛋白质的一级结构是确定的，如胰岛素、细胞色素 C，但也存在部分蛋白质的一级结构无法完全确定的情况。

②二级结构。蛋白质的二级结构指肽链借助氢键作用排列成沿一个方向、具有周期性结构的构象，主要是螺旋结构（以 α-螺旋常见，还有 π-螺旋和 γ-螺旋等）和 β-结构（以 β-折叠、β-弯曲常见），另外，还有一种没有对称轴或对称面的无规卷曲结构。在蛋白质的二级结构中，氢键对构象稳定具有重要作用。

③三级结构。蛋白质的三级结构是指多肽链借助各种作用力，进一步折叠卷曲，形成紧密的复杂球形分子的结构。稳定蛋白质三级结构的作用力有氢键、离子键、二硫键和范德华力等。在大部分球形蛋白分子中，极性氨基酸的 R 基一般位于分子表面，非极性氨基酸的 R 基则位于分子内部，以避免与水接触。但也有例外，如某些脂蛋白的非极性氨基酸在分子表面有较大的分布。

④四级结构。蛋白质的四级结构是两条或多条肽链之间以特殊方式结合，形成有生物活性的蛋白质。其中，每条肽链都有自己的一、二、三级结构。一般将每个肽链称为亚基，它们可以相同，也可以不同。肽链之间的作用以氢键、疏水相互作用为主。一个蛋白质含疏水性氨基酸的摩尔比高于 30% 时，其形成四级结构的倾向大于含较少疏水性氨基酸的蛋白质。

（3）食品中蛋白质的作用

蛋白质是构成生物体细胞的基本物质之一，在维持正常的生命活动中具有重要作用，如具有生物催化功能的酶蛋白，具有调节代谢反应功能的激素蛋白（胰岛素）、具有运动功能的收缩蛋白（肌球蛋白）、具有运输功能的转移蛋白（血红蛋白）、具有防御功能的蛋白（免疫球蛋白），以及贮存蛋白（种子蛋白）和保护蛋白（毒素）等。有些蛋白质还具有抗营养性质，如胰蛋白酶抑制剂。总之，正常机体的基本生命运动都和蛋白质息息相关，没有蛋白质就没有生命。

蛋白质还是一种重要的产能营养素，能提供人体所必需的氨基酸。蛋白质是食品的主要成分，鱼、禽、肉、蛋、乳等是优质蛋白质的主要来源。蛋白质还对食品的质构、风味和加工有重大影响。因此，了解和掌握蛋白质的理化性质和功能性质，以及食品加工工艺对蛋白质的影响，对于改进食品蛋白质的营养价值和功能性质具有很重要的实际意义。

3.1.2.2 蛋白质的物理变性

（1）加热

加热是食品加工常用的处理工艺，蛋白质经热加工处理将发生不同程度的变性，从而改变其功能性质。经过热变性后，蛋白分子表现出了相当程度的伸展变形，如天然血清蛋白是椭圆形的，长宽比为 3∶1，热变形后的血清蛋白长宽比为 5.5∶1，分子形状明显发生伸展。对于化学反应来讲，其温度系数多为 3～4。但对于蛋白质的热变性，其温度系数为 600 左右。这个性质在食品加工中很重要，如高温瞬时杀菌、超高温杀菌技术就是利用高温大大提升蛋白质的变性速度，在短时间内破坏生物活性蛋白质或微生物中的酶，其他营养素的化学反应速度变化则相对较小，因而营养素的损失较少。

蛋白质的热变性与蛋白质的组成、浓度、水分、活度、pH 和离子强度等有关。含较多疏水性氨基酸的蛋白质分子比含较多亲水性氨基酸的蛋白质更稳定。生物活性蛋白质在干燥状态下较稳定，对温度变化的承受能力较强，而在湿热状态下容易变性。

（2）冷冻

低温处理也可以导致某些蛋白质的变性，如 L- 苏氨酸胱氨酸酶在室温下稳定，但在 0℃ 不稳定；11S 大豆蛋白质、乳蛋白在冷却或冷冻时会发生凝集和沉淀。还有一些例外的情况，就是一些酶会在较低温度下被激活，如一些氧化酶。

导致蛋白质低温变性的原因，可能是蛋白质的水合环境变化，破坏了维持蛋白质结构的作用力平衡，并且一些基团的水化层被破坏，基团之间的相互作用引起了蛋白质的聚集或亚基重排，也可能是体系结冰后的盐效应导致了蛋白质的变性。另外，冷冻引起的浓缩效应可能导致蛋白质分子内、分子间的二硫键交换反应增加，从而也导致了蛋白质的变性。

（3）机械处理

有些机械处理，如揉捏、搅打等，利用剪切力的作用，使蛋白质分子得到伸展，但破坏了其中的 α- 螺旋结构，导致蛋白质变性。剪切的速度越大，蛋白质的变性程度越大，如在 pH=3.5 ～ 4.5 和 80 ～ 120℃ 的条件下，用 8000 ～ 10000 个 /s 的剪切速度处理乳清蛋白（浓度10%～20%），就可以形成蛋白质脂肪代用品。例如，沙拉酱、冰激凌等的生产中就涉及蛋白质的机械变性过程。

（4）静高压

静高压处理也能导致蛋白的变性。虽然天然蛋白质具有比较稳定的构象，但球型蛋白质分子不是刚性球，分子内部存在一些空穴，具有一定的柔性和可压缩性，在高压下，分子会发生变形（即变性）。一般温度下，在 100 ～ 1000MPa 压力下，蛋白质就会变性。有时，高压导致的蛋白质变性或酶失活，在高压消除以后会重新恢复。

静高压处理对食品中的营养物质、色泽、风味等不会造成破坏，也不会形成有害化合物，对肉制品进行静高压处理还可以使肌肉组织中的肌纤维裂解，从而提高肉制品的品质。

（5）电磁辐射

电磁波对蛋白质结构的影响与电磁波的波长和能量有关。可见光由于波长较长、能量较低，对蛋白质的构象影响不大；紫外线、X 射线、γ 射线等高能量电磁波对蛋白的构象会产生影响。高能射线被芳香族氨基酸吸收后，将导致蛋白质构象发生改变，同时还会使氨基酸残基产生各种变化，如破坏共价键、离子化、游离基化等。所以电磁辐射不仅会使蛋白质发生变性，而且可能影响蛋白质的营养价值。

辐射保鲜对食品蛋白质的影响极小，一是由于使用的辐射剂量较低，二是食品中的水裂解，从而减少了其他物质的裂解。

（6）界面作用

蛋白质吸附在气 — 液、液 — 固或液 — 液界面后，可以发生不可逆变性。在气 — 液界面上的水分子能量较本体水分子高，它们与蛋白质分子发生相互作用会导致蛋白质分子能量增加，一些化学作用（键）被破坏，其结构发生少许伸展，最后水分子进入蛋白质分子内部，进一步导致蛋白质分子的伸展，并使蛋白质的疏水性、亲水性残基分别向极性不同的两相（气 — 液）排列，最终导致蛋白质变性。蛋白质分子具有较疏松的结构，在界面上的吸附比较容易；如果它的结构较紧密，或是被二硫键固定，或是不具备相对明显的疏水区和亲水区，蛋白质就不易被界面吸附，因而界面变性就比较困难。

3.1.2.3 蛋白质的化学变性

（1）酸、碱因素（pH）

大多数蛋白质在特定 pH 范围内较稳定，但若处于极端 pH 条件，蛋白质分子内部可离解基团，如氨基、羧基等的离解会产生强烈的分子内静电相互作用，从而使蛋白质发生伸展、变性。此时如果再伴以加热，其变性的速率会更大。在一些情况下，蛋白质经过酸碱处理后，pH 又调回原来的范围时，蛋白质仍可以恢复原来的结构，例如酶。

蛋白质在等电点时比在其他 pH 下稳定。在中性条件下，由于蛋白质所带净电荷不多，分子内部产生的排斥力相对较小，所以大多数蛋白质在中性条件下比较稳定。

（2）盐类

碱土金属 Ca^{2+}、Mg^{2+} 可能是蛋白质中的组成部分，对蛋白质构象起着重要作用，所以除去 Ca^{2+}、Mg^{2+} 会降低蛋白质分子对热、酶等的稳定性。Cu^{2+}、Fe^{2+}、Hg^{2+}、Pb^{2+}、Ag^{3+} 等易与蛋白质分子中的巯基（—SH）形成稳定的化合物，或者是将二硫键转化为 —SH，改变稳定蛋白质结构的作用力，导致蛋白质变性。Hg^{2+}、Pb^{2+} 等可与组氨酸、色氨酸残基等反应，也能导致蛋白质变性。

阴离子对蛋白质结构稳定性影响的大小程度为 $F^- < SO_4^{2-} < Cl^- < Br^- < I^- < ClO_4^- < SCN^- < Cl_3CCOO^-$。在高浓度时，阴离子对蛋白质结构的影响比阳离子更强，一般氯离子、氟离子、硫酸根离子是蛋白质结构的稳定剂，而硫氰酸根、三氯乙酸根则是蛋白质结构的去稳定剂。

（3）有机溶剂

大多数有机溶剂可导致蛋白质变性，因为它们会降低溶液的介电常数，使蛋白质分子内的静电力增加；或者是破坏、增加蛋白质分子内的氢键，改变稳定蛋白质构象原有的作用力情况；或是进入蛋白质的疏水性区域，破坏蛋白质分子的疏水相互作用，结果均使蛋白质结构改变，产生变性作用。

在低浓度下，有机溶剂对蛋白质结构的影响较小，一些甚至具有稳定作用；但是在高浓度下，所有的有机溶剂均能使蛋白质变性。

（4）有机化合物

高浓度的脲和胍盐（4～8mol/L）将使蛋白质分子中的氢键断裂，导致变性；表面活性剂，如十二烷基磺酸钠能破坏蛋白质的疏水区，还能促使蛋白分子伸展，是一种很强的变性剂。

（5）还原剂

巯基乙醇（$HSCH_2CH_2OH$）、半胱氨酸、二硫苏糖醇等，由于具有 —SH，能使蛋白质分子中存在的二硫键还原，从而改变蛋白质的原有构象，造成蛋白质不可逆变性。

3.1.3 碳水化合物

3.1.3.1 概述

（1）碳水化合物的定义

碳水化合物是自然界中存在量最大的一类化合物，是绿色植物光合作用的主要产物，在植物中含量可达干重的 80% 以上，动物体中肝糖、血糖也属于碳水化合物，约占动物干重的 2% 左右。

碳水化合物的分子组成一般可用 $C_n(H_2O)_m$ 通式表示，一般由碳和水组成的化合物且氢氧比为 2：1，就称为碳水化合物。但是此称谓并不确切，因为甲醛（CH_2O）、乙酸（$C_2H_4O_2$）等有机化合物的氢氧比也为 2：1，但它们并不是碳水化合物，而其他的一些有机化合物，如鼠李糖（$C_6H_{12}O_5$）和脱氧核糖（$C_5H_{10}O_4$），氢氧比并不符合 2：1 的通式，但它们的确是碳水化合物。一般认为，将碳水化合物称为糖类更为科学合理。根据糖类的化学结构特征，糖类的定义应是多羟基醛或多羟基酮及其衍生物和缩合物。

碳水化合物占所有陆生植物和海藻干重的 3/4，它们存在于所有的谷物、蔬菜、水果，以及其他人类能食用的植物中，为人类提供了主要的膳食热量，还具有良好的质构、口感和甜味。人类消费的主要食品碳水化合物是淀粉和糖（D-葡萄糖、D-果糖、乳糖及蔗糖等），占总摄入热量的 70% ～ 80%。大多数天然植物产品，如蔬菜和水果中都含有少量的糖。水果一般在完全成熟前采摘，在储藏与销售期间，与后熟有关的酶促过程会使储藏淀粉转变成糖，水果的质构逐渐变软，并且变熟、变甜。淀粉是植物中最普遍的储藏能量的碳水化合物，广泛分布于种子、根与块茎中。

动物性产品中含有的能代谢的碳水化合物比其他食品少得多，存在于肌肉和肝中的糖原是一种葡聚糖，结构与支链淀粉相似。

（2）碳水化合物的分类

食品中的碳水化合物种类多、含量高，可以根据其水解产生单糖的多少分类。

①单糖。单糖主要是不能再水解的多羟基醛或多羟基酮。根据单糖分子中碳原子数目的多少，可将单糖分为丙糖（三碳糖）、丁糖（四碳糖）、戊糖（五碳糖）、己糖（六碳糖）等；根据其单糖分子中所含羰基的特点又可分为醛糖和酮糖。单糖中比较重要的有戊醛糖、己醛糖和己酮糖，如葡萄糖、果糖、半乳糖、木糖、阿拉伯糖等。

单糖的结构有链式和环状两种，当单糖分子从链式结构转变成环状结构时，分子中增加了一个手性碳原子，它在空间的排列方式有两种，因此形成了两种环状异构体，分别称为 α-式和 β-式，如葡萄糖形成环状结构时，有两种异构体，即 α-葡萄糖和 β-葡萄糖。

②低聚糖。低聚糖又叫寡糖，通常是指含 2～10 个单糖结构的缩合物。按水解后所生成单糖分子的数目，低聚糖可分为二糖、三糖、四糖、五糖等，其中以二糖最为重要，如蔗糖、乳糖、麦芽糖等；根据其还原性质不同，也可分为还原性低聚糖和非还原性低聚糖。低聚糖又分为均低聚糖和杂低聚糖，前者是由同一种单糖聚合而成的，如麦芽糖和聚合度小于 10 的糊精，后者由不同种的单糖聚合而成，如蔗糖、棉子糖等。

③多糖。多糖是指含 10 个以上单糖结构的缩合物，如淀粉、纤维素、糖原等。根据组成不同，多糖又可以分为均多糖和杂多糖两类。均多糖是指由相同的单糖单位组成的多糖，如纤维素、淀粉；杂多糖是指由两种或多种不同的单糖单位组成的多糖，如半纤维素、果胶质、黏多糖等。根据所含非糖基团的不同，多糖可以分为纯粹多糖和复合多糖，复合多糖主要有糖蛋白、糖脂、脂多糖、氨基糖等。根据其在生物体内的功能，多糖可分为结构性多糖、储藏性多糖和抗原多糖。根据多糖的来源又可分为植物多糖、动物多糖和细菌多糖。多糖可以与肽链结合，形成糖蛋白或蛋白多糖，与脂类结合形成脂多糖，与硫酸结合成硫酸酯化多糖。单糖的衍生物，如氨基糖和糖醛酸也可组成多糖，如虾、蟹等甲壳动物的甲壳质为氨基葡萄糖组成的多糖，海藻中的藻朊酸为 D-甘露糖醛酸组成的多糖。

食品中常见的糖类有单糖、双糖、转化糖（蔗糖的酸性水解液，含等量的葡萄糖和果糖）、环糊精及麦芽糊精、淀粉、果胶、纤维素、半纤维素等。糖类是食物中重要的供能营养素，可被人体消化的淀粉、单糖、双糖等是食物中的主要热能来源。不能被人体消化吸收的某些多糖，其可能的营养保健功能也日益受到人们的重视。例如，低聚异麦芽糖、低聚木糖、低聚果糖等能促进人体内双歧杆菌增殖，有利于肠道微生态平衡，又如膳食纤维（包括半纤维素、果胶、无定形结构的纤维素和一些亲水性的多糖胶）可促进肠的蠕动，改善便秘，预防肠癌、糖尿病、肥胖症等。单、双糖在食品加工中的作用是显而易见的，如作为甜味剂、形成食品的色泽等；多糖的增稠作用在日常烹饪中也有应用；糖类的衍生物在功能性食品中的应用也日益广泛。

总而言之，糖类不仅为人类提供生命活动的能量，在食品加工中对食品的口味、质地、风味及加工特性也有很多贡献。

（3）食品中碳水化合物的作用

食品中碳水化合物的功能有以下几个方面。

①储存和供给能量。糖原是肌肉和肝脏内碳水化合物的储存形式，肝脏约储存着机体内 1/3 的糖原。当机体需要时，肝脏中的糖原分解为葡萄糖进入血液循环提供给机体，尤其是满足红细胞、脑和神经组织对能量的需要。肌肉中的糖原只供给自身的能量需要。体内的糖原储存只能维持数小时，必须从膳食中不断得到补充。每克葡萄糖产热 16kJ，人体摄入的碳水化合物在体内经消化变成葡萄糖或其他单糖参加机体代谢。每个人膳食中碳水化合物的比例没有规定具体值，我国营养专家认为，碳水化合物产热量占总热量的 60% ～ 65% 为宜。平时摄入的碳水化合物主要是多糖，其在米、面等主食中含量较高，在摄入碳水化合物的同时，能获得蛋白质、脂类、维生素、矿物质、膳食纤维等其他营养物质；而摄入单糖或双糖（如蔗糖），除能补充热量外，不能补充其他营养素。

②构成细胞和组织。碳水化合物是人体细胞的重要构成部分，每个细胞都需要碳水化合物，碳水化合物在细胞中的含量在 2% ～ 10%。细胞内的碳水化合物基本上是以脂多糖、糖蛋白和蛋白多糖的形式存在的。

③节省蛋白质。若是人体摄入的碳水化合物不足，就会出现缺乏葡萄糖的情况。人体缺乏葡萄糖，就是缺乏了重要的能量来源。因此，人体只能够动用体内的蛋白质来满足自身活动需要的能量，甚至包括器官中的蛋白质，如肌肉、肝、心脏中的蛋白质，这就会对人体及各器官造成损害。节食减肥的危害与此有关。因此，饮食中不吃主食、只吃肉类是行不通的。因为肉类含碳水化合物很少，这样机体组织将用蛋白质产热，对机体没有好处。因此，减肥人群或糖尿病患者摄入的碳水化合物不要低于 150g，在保证人体能够摄入足够碳水化合物的前提下，就可以防止体内和膳食中的蛋白质转变为葡萄糖。这就是所谓的节省蛋白

质作用。

④维持脑细胞的正常功能。葡萄糖是维持大脑正常功能的必需营养素。当人体葡萄糖摄入不足时，可能会由于缺乏能源造成脑细胞功能受损的情况，并引发头晕、心悸、昏迷等不良状况。

⑤提供膳食纤维。膳食纤维的最好来源是天然的食物，如豆类、谷类、新鲜水果和蔬菜等。大多数纤维素具有促进肠道蠕动和吸水膨胀的特性。一方面，其可使肠道平滑肌保持健康和张力；另一方面，粪便因含水分较多而体积增加和变软，非常有利于其排出。反之，若是肠道的蠕动速度很慢，粪便量少且较硬，就会造成便秘的情况。除此之外，可溶性的膳食纤维能够有效降低食品从胃部进入肠道部位的速度，进而维持更长时间的饱腹感，使人体减少食物的摄入，有利于控制体重，促进减肥的成功。另外，可溶性膳食纤维可减少小肠对糖的吸收，使血糖不致因进食而快速升高，因此也可减少体内胰岛素的释放，而胰岛素可刺激肝脏合成胆固醇，所以胰岛素释放的减少会使血浆胆固醇水平受到影响。

3.1.3.2 糖的理化性质

（1）糖的物理性质

①甜度。甜是糖的基本性质之一，也是糖最具有代表性的物理性质。提起糖，人们脑海中就会联想到甜。糖的甜味程度是通过甜度这一专业名词来表示的。甜度越高，则代表糖越甜。

②溶解性。溶解性是糖在食品加工中体现甜味特性的前提。单糖分子中的多个羟基增加了它的水溶性，但不溶于乙醚、丙酮等有机溶剂。单糖的溶解度存在差异性，其中果糖的溶解度最高，葡萄糖的溶解程度较低。一般来说，糖的溶解度会随着温度的升高而增大。

③结晶性。单、双糖可能会形成过饱和溶液，各种糖溶液在一定的浓度和温度条件下，都能析出晶体，形成结晶，这就是糖的结晶性。糖结晶形成的难易与溶液的黏度和糖的溶解度有关。糖溶液越纯越容易结晶，蔗糖易结晶且晶粒较大；葡萄糖也易结晶，但晶粒较小；果糖和转化糖较难结晶；淀粉糖浆是葡萄糖、低聚糖和糊精的混合物，不能结晶，并能防止蔗糖结晶。

④保湿性。糖有能够在湿度较高的情况下吸收水分的性质，并能在湿度较低的环境下保持水分。不同的糖具有不同的保湿效果，比如，果糖的吸湿、保湿效果比蔗糖强，一般来说，糖醇比糖类具有更好的保湿性。

⑤冰点降低。单、双糖都属于小分子糖，它们溶于水后可引起溶液冰点的下

降、浓度越高、相对分子质量越小，冰点降低越多。因此，生产雪糕类冰冻食品时，混合使用淀粉糖浆和蔗糖，可节约能源（淀粉糖浆和蔗糖混合物的冰点降低程度较单独使用蔗糖小），利用低转化度的淀粉糖浆还可以促使冰晶细腻、黏稠度高、甜味适中。

⑥抗氧化性。糖类的抗氧化性实际是由于糖溶液中氧气的溶解度降低而引起的。由于氧气在糖溶液中的溶解度较在水溶液中低，因此，糖溶液具有抗氧化性，有利于保持食品的色、香、味和营养成分。

（2）糖的化学性质

①水解反应。蔗糖在酸或酶的作用下可以发生水解反应生成等量的葡萄糖和果糖的混合物，称为转化糖。由于蔗糖是右旋的，水解后的混合物中，果糖的旋光度比葡萄糖大，而果糖是左旋糖，水解液的旋光性由原来的右旋转变为左旋，转化糖的名称也由此而来。例如，蜜蜂体内有蔗糖酶，因此，蜂蜜中含有大量的转化糖，甜度较蔗糖大。

②发酵性。不同微生物对各种糖的利用能力和速度不同，霉菌在许多碳源上都能生长繁殖。酵母菌可使葡萄糖、麦芽糖、果糖、蔗糖、甘露糖等发酵，生成酒精和二氧化碳。乳酸菌除可发酵上述糖类外，还可发酵乳糖，产生乳酸。但大多数低聚糖并不能被酵母菌和乳酸菌等直接发酵，低聚糖要在水解后产生单糖才能被发酵。由于蔗糖、麦芽糖等具有发酵性，生产上可选用其他甜味剂代替，以避免微生物生长繁殖而使食品变质。酒类的生产就是利用了微生物对糖的发酵作用，面包膨松也是以此为基础的。酵母菌不能直接利用多糖发酵，必须将多糖水解成单糖后再进行发酵。

③还原性。分子中含有自由醛（或酮）基或半缩醛（或酮）基的糖都具有还原性。单糖和部分低聚糖具有还原性，糖醇和多糖则不具有还原性。有还原性的糖称为还原糖。

④氧化反应。单糖是多羟基醛或酮，含有游离的羰基。因此，在不同氧化条件下，糖类可被氧化成各种不同的氧化产物。单糖在弱氧化剂，如吐伦试剂、斐林试剂中可被氧化成糖酸，同时还原金属离子。醛糖中的醛基在溴水中可被氧化成羧基而生成糖酸，糖酸加热很容易失水而得到 γ- 内酯和 δ- 内酯。酮糖与溴水不起作用，故利用该反应可以区别酮糖和醛糖。醛糖用浓硝酸氧化时，它的醛基和伯醇基都被氧化，生成具有相同碳数的二元酸。酮糖用浓硝酸氧化时，在酮基处裂解，生成草酸和酒石酸。

3.1.4 脂质

3.1.4.1 概述

（1）脂质的定义

脂质指存在于生物体中或食品中，溶于有机溶剂而不溶于水的一类含有醇酸酯化结构的天然有机化合物。分布于天然动植物体内的脂类物质主要为三酰基甘油酯（占99%左右），俗称为油脂或脂肪。一般室温下呈液态的称为油，呈固态的称为脂，油和脂在化学上没有本质区别。

脂质的共同特征是不溶于水而溶于乙醚、石油醚、氯仿、丙酮等有机溶剂；大多具有酯的结构，并以脂肪酸形成的酯最多；都是由生物体产生，并能为生物体利用。但也有例外，如卵磷脂、鞘磷脂和脑苷脂类。卵磷脂微溶于水，而不溶于丙酮，鞘磷脂和脑苷脂类的复合物不溶于乙醚。

（2）脂质的分类

按物理状态的区别，脂质可以分为脂肪（常温下为固态）和油（常温下为液态）；按来源的不同，可以分为乳脂类、植物脂、动物脂、海产品动物油、微生物油脂；按饱和程度的不同，可以分为干性油（碘值大于130，如桐油、亚麻籽油、红花油等）、半干性油（碘值100～130，如棉籽油、大豆油等）和不干性油（碘值小于100，如花生油、菜子油、蓖麻油等）；按脂肪酸的构成，可以分为单纯酰基甘油、混合酰基甘油；按化学结构的不同，可以分为简单脂质、复合脂质和衍生脂质。

（3）食品中脂质的作用

人类可食用的脂类，是食品中重要的组成成分和人类的营养成分，是一类高热量化合物，每克油脂能产生39.58kJ的热量，该值远大于蛋白质与淀粉所产生的热量；油脂还能提供给人体必需的脂肪酸（亚油酸、亚麻酸）；是脂溶性维生素（A、D、K和E）的载体；并能溶解风味物质，赋予食品良好的风味和口感。但过多摄入油脂也会对人体产生不利的影响。

食用油脂所具有的物理和化学性质对食品的品质有十分重要的影响。油脂在食品加工时，如用作热媒介质（煎炸食品、干燥食品等），不仅可以脱水，还可产生特有的香气；如用作赋型剂，可用于蛋糕、巧克力或其他食品的造型。但含油食品在贮存过程中极易氧化，为食品的贮藏带来诸多不利因素。例如油脂氧化后使油脂或含油食品产生异味，如哈喇味，同时也可产生二聚体或多聚体，使油脂黏度上升，加快油脂的劣变。而且，脂类氧化反应能降低食品的营养价值，某些氧化产物可能具有毒性。另外，在生物体中，脂质是组成生物细胞不可缺少的物质；是能量贮存最紧凑的形式；有润滑、保护、保温等功能。

3.1.4.2　脂质的物理性质

（1）熔点和沸点

脂肪酸的熔点随着碳链增长与饱和度的增高而不规则地增高。双键引入可显著降低脂肪酸的熔点，如 C18 的四种脂肪酸中，硬脂酸为 70℃，亚油酸为 -5℃，亚麻酸为 -11℃。顺式异构体低于反式异构体，如顺式油酸为 16.3℃，而反式油酸为 43.7℃。脂肪酸的沸点随链长的增加而升高，饱和度不同但碳链长度相同的脂肪酸沸点相近。

由于脂肪是甘油酯的混合物，而且其中含有其他物质，所以其没有确切的熔点和沸点。一般油脂的熔点最高在 40～50℃，而且与组成的脂肪酸有关。油脂的沸点一般在 180～200℃，也与组成的脂肪酸有关。

（2）液晶和油水乳化

一般固态为有序排列，液态为无序排列，但油脂处于某些特定条件下，如提高到某一温度，其极性区由于有较强的氢键而保持有序排列，而非极性区由于分子间作用力小则变为无序状态，这种同时具有固态和液态两方面物理特性的相称为液晶相。

乳状液是两种互不相溶的液相组成的体系，其中一相以液滴形式分散在另一相中，液滴的直径为 0.1～50μm。以液滴形式存在的相称为内相或分散相，液滴分散于其中的介质就称为外相或连续相。液滴分散得越小，两液相界面积就越大。

乳状液在热力学上是不稳定的，常有液滴聚结而减少分散相界面积的倾向，最终导致两相破乳（分层）。一般可通过加入乳化剂来稳定乳状液。乳化剂一般是表面活性物，在结构特点上具有两亲性，即分子中既有亲油的基团，又有亲水的基团，因而它易被吸附在界面上，在分散相周围形成了液晶多层，为分散相的聚结提供了一种物理阻力，从而提高了乳状液的稳定性。液晶多层的类型在很大程度上取决于乳化剂的性质。

3.1.5　维生素

3.1.5.1　概述

（1）维生素的定义

维生素是人和动物维持正常生理功能所必需的一类微量小分子有机化合物。维生素不参与机体内各种组织器官的组成，也不能为机体提供能量，它们主要以辅酶的形式参与细胞的物质代谢和能量代谢过程，缺乏时会引起机体代谢紊乱，导致特定的缺乏症或综合征。有些维生素还可作为自由基的清除剂、风味物质的前体、还原剂，以及参与褐变反应，从而影响食品的某些属性。

人体所需要的大量维生素都不能自己合成，必须从外界食物中获取。但食品中的维生素稳定性比较差，在食品的加工和储藏的过程中，容易受到损耗。因此，在研究维生素的摄入量时，必须考虑维生素的生物利用率和影响生物利用率的因素。主要有以下四点。

第一，考虑食品在消费时维生素的含量，而不仅考虑原料中原有的含量。因为在加工贮藏及烹调时，维生素的含量会发生变化。第二，考虑食品在消费时维生素的存在状态和特性。维生素的存在形式和状态不同，其在体内的吸收速率、吸收程度、转变为代谢活性形式（如辅酶）的难易程度，或者代谢功能作用的大小等都会有所差别。第三，食品中维生素的生物利用率会因不同人群及个体的代谢有一定的差异。第四，膳食的组成对维生素的生物利用率也会有较大影响，如维生素和其他食物成分（蛋白质、淀粉、膳食纤维、脂类物质等）之间的反应会影响维生素在肠内的吸收，膳食中，其他成分赋予食品的黏度、乳化特性、pH及在肠道停留的时间等，对维生素的生物利用率也有影响。

（2）食品中维生素的作用

维生素不能为人体提供能量，但可以以辅酶的形式参与人体的新陈代谢活动。维生素除具有重要的生理作用外，有些还可作为自由基的清除剂，如维生素C、某些类胡萝卜素和维生素 E；有的维生素可作为遗传调节因子，如维生素 A 和维生素 D；有的维生素具有某些特殊功能，如维生素 A 与视觉有关，维生素 K 与凝血因子的生物合成有关。

3.1.5.2 脂溶性维生素

（1）维生素 A

维生素 A 又称视黄醇或抗干眼病维生素，是一个具有脂环的不饱和一元醇，包括动物性食物来源的维生素 A_1 和维生素 A_2 两种，以及其衍生物（酯、醛、酸）。

维生素 A 是构成视觉细胞中感受弱光的视紫红质的组成成分，与暗视觉有关。当人体内维生素 A 比较欠缺时，就会影响其暗视觉能力，进而可能引发干眼症和夜盲症等。但维生素 A 摄入过多也可能会引起人体皮肤干燥和脱发等情况。

（2）维生素 D

维生素 D 是一些具有胆钙化醇生物活性的类固醇的统称。维生素 D 主要包括维生素 D_2 和维生素 D_3 两种，二者的化学结构十分相似，维生素 D_2 只比维生素 D_3 多一个双键。

维生素 D 的重要生理功能为调节机体钙、磷的代谢，其也是一种新的神经内分泌免疫调节激素。此外，其还可维持血液中正常的氨基酸浓度，调节柠檬酸的代谢，具有抗婴儿佝偻病和成人骨质疏松等作用。值得一提的是，维生素 D 广泛存在于动物性食品中，以鱼肝油中含量最高，而在鸡蛋、牛乳、黄油、干酪中含量较少。

（3）维生素 E

维生素 E 是指具有 α- 生育酚生物活性的一类物质，生育酚能促进性激素分泌，提高生育能力。维生素 E 广泛存在于动植物食品中，如棉籽油中含有 α- 生育酚、β- 生育酚和 γ- 生育酚。α- 生育酚是自然界中分布最广泛、含量最丰富、活性最高的维生素 E 形式。

（4）维生素 K

维生素 K 是具有叶绿醌生物活性的一类物质，较常见的天然维生素 K 有维生素 K_1 和维生素 K_2，还有人工合成的水溶性维生素 K_3 和维生素 K_4。各种维生素 K 的化学性质都较稳定，能耐酸、耐热，正常烹调中损失很少，但对光敏感，易被碱和紫外线分解。

维生素 K 与凝血作用有关，其主要功能是加速血液凝固，是促进肝脏合成凝血酶原所必需的因子，故也被称为凝血维生素。维生素 K 还具有还原性，在食品体系中可以消除自由基（与 β- 胡萝卜素和维生素 E 相同），保护食品成分不被氧化，同时还能减少腌肉中亚硝胺的生成。

3.1.5.3 水溶性维生素

（1）维生素 C

维生素 C 具有防治坏血病的生理功能，并有显著酸味，故又名抗坏血酸。维生素 C 是无色晶体，熔点 190～192℃，易溶于水，水溶液呈酸性。化学性质较活泼，在酸性环境（pH<4）中稳定，遇空气中氧、热、光、碱性（pH＞7.6）物质，会被氧化破坏。

维生素 C 是人体必需的维生素，具有多种生物功能，比如，维持细胞正常代谢、促成铁蛋白合成等。其广泛存在于自然界中，主要食物来源是新鲜蔬菜与水果，尤其是酸味较重的水果和新鲜绿叶蔬菜。

（2）维生素 B_1

维生素 B_1 又称硫胺素或抗脚气病维生素，是由嘧啶环和噻唑环通过亚甲基结合而成的一种 B 族维生素，广泛存在于动植物组织中。它是白色粉末，易溶于水，遇碱易分解。维生素 B_1 的生理功能是增进食欲、维持神经正常活动等，缺乏时会造成脚气病、神经性皮炎等。

（3）维生素 B_2

维生素 B_2 又称为核黄素，是橙黄色针状晶体，味微苦，水溶液有黄绿色荧光，在碱性或光照条件下极易分解。核黄素不会蓄积在体内，所以时常要以食物或膳食补充剂来补充，其良好的食物来源主要是动物性食物，尤其是动物内脏，如肝、肾、心，以及蛋黄、乳类，鱼类以鳝鱼中含量最高。

（4）维生素 B_6

维生素 B_6 又称吡哆素，包括吡哆醛、吡哆醇和吡哆胺，在生物体内以磷酸酯的形式存在，磷酸吡哆醛在氨基酸代谢中（如转氨作用、消旋作用和脱羧作用）起着辅酶的作用，可以帮助机体内糖类、脂肪、蛋白质的分解利用，也可以帮助糖原的分解利用。

维生素 B_6 可以通过食物摄入和肠道细菌合成两条途径获得。维生素 B_6 摄入不足可导致维生素 B_6 缺乏症，主要表现为脂溢性皮炎、口炎、口唇干裂、舌炎、易怒、抑郁等。

3.1.6 矿物质

3.1.6.1 概述

（1）矿物质的定义

所谓矿物质是指食品中各种无机化合物，大多数相当于食品灰化后剩余的成分，故又称粗灰分。具体地说，除碳、氢、氧、氮元素主要以有机化合物的形式存在，其他元素都称为矿物质元素。矿物质对人体具有重要的营养生理功能，但有些矿物质对人体有一定的毒性。食品中的矿物质含量很少，但也具有一定的研究价值。研究食品中的矿物质的意义在于，可根据其结论摄入更多具有有益矿物质的食物，同时尽量减少有毒矿物质食物的摄入。

植物类别的食物可以从土壤中获取矿物质，并将其储存至根、茎和叶中。当土壤环境发生变化时，植物中的矿物质含量会发生变化。动物主要通过摄食来获取矿物质。当动物的食品摄入发生变化时，动物体内的矿物质也会发生变化。

食物中的矿物质可以离子状态、可溶性盐和不溶性盐的形式存在，有些矿物质在食品中则往往以整合物或复合物的形式存在。

（2）矿物质的分类

根据矿物质对人体的影响程度，可以将食品中的矿物质分为三个类别——人体的必需矿物质、人体的非必需矿物质和对人体有毒的矿物质。人体的必需矿物质对人体健康具有重要的作用。当人体内缺乏这类矿物质时，机体可能会出现功能异常。举例来说，当人体缺少铁时，就会出现贫血状况；当人体缺少硒时，可能会引发白肌病；当人体缺碘时，可能会出现甲状腺肿大的情况。不过应当注意的是，即使是人体必需的矿物质，若摄入过多，也可能会对人体造成危害。因此，这类矿物质的摄入也应当适量。人体的非必需矿物质又称为辅助类的营养元素。对人体有毒的矿物质一般指的是汞、铅、镉这类重金属元素。

若根据食品中矿物质在人体内的含量，又可以将其分为常量元素和微量元素这两个组别。其中，常量元素指的是在人体内含量达到 0.01% 及以上的元素，包括钙、磷等；微量元素就是在人体内含量低于 0.01% 的元素，具体包括铁、碘、硒、锌、锰等元素。无论是常量元素还是微量元素，只要是人体必需的矿物质，都对人体健康具有重要影响。

（3）食品中矿物质的作用

①机体的构成成分。食品中许多不同的矿物质，都是构成机体的重要成分，包括钙、镁、磷、硫、铁等。其中，钙、磷、镁是构成人体牙齿的重要成分，磷、硫是构成人体内蛋白质的重要成分，铁则是人体内血红蛋白的重要成分。

②维持内环境的稳定。矿物质作为人体内部的重要调节物质，对人体内环境的稳定有着重要的作用。矿物质能够对人体内的渗透压进行调节，并维持其稳定性，以保障体内的组织细胞维持正常的形态和功能。除此之外，矿物质还能维持人体内的酸碱平衡性。

③某些特殊功能。某些矿物质在人体内可作为酶的构成成分或激活剂。在这些酶中，特定金属与酶蛋白分子牢固结合，使整个酶系具有一定的活性，如血红蛋白和细胞色素酶系中的铁、谷胱甘肽过氧化物酶中的硒等。有些矿物质是构成激素或维生素的原料，如碘是甲状腺素不可缺少的元素、钴是维生素 B_2 的组成成分等。

④改善食品的品质。一些矿物质可作为食品添加剂使用，能够很好地提升食品的品质。例如，钙离子是豆腐的凝固剂，还可保持食品的质构；磷酸盐有利于增强肉制品的持水性和结着性；食盐是典型的风味改良剂等。

3.1.6.2 矿物质的理化性质

（1）溶解性

不同矿物质具有不同的溶解性。对大多数矿物质元素来说，其传递与代谢过程都离不开水这一重要媒介。因此，矿物质的生物利用率和活性在很大程度上与它们在水中的溶解性有关。

在生物机体中，矿物质往往是与一些有机物质，如蛋白质、氨基酸、肽和有机酸等结合形成配合物，这样有利于矿物质的吸收和利用。钙、镁、钡是同族元素，仅以 +2 价氧化态存在。虽然这一族的卤化物都是可溶的，但是其重要的盐，包括氢氧化物、碳酸盐、磷酸盐、草酸盐、硫酸盐和植酸盐等，都是极难溶解的。

（2）酸碱性

任何矿物质都可以以离子形式存在，从营养学的角度看，氟化物、碘化物和磷酸盐的阴离子是十分重要的。水中的氟化物成分比食物中更常见，其摄入量的多少主要因地理位置的不同而各异；碘以碘化物或碘酸的形式存在；而磷酸盐以磷酸氢盐、磷酸、磷酸二氢盐等形式存在。各种微量元素参与的复杂生化过程，可以利用路易斯酸碱理论解释，由于不同价态的同一元素可以通过形成多种复合物来参与不同的生化过程，因而具有不同的营养价值。

（3）氧化还原性

碘化物、碘酸盐与食品中其他重要的无机阴离子（如磷酸盐、硫酸盐和碘酸盐等）相比，是较强的氧化剂。阳离子比阴离子种类多，结构也更复杂，它们的一般化学性质可以通过其在元素周期表中的位置来考虑。有些金属离子从营养学的观点来说是重要的，有些则是非常有害的毒性污染物，甚至会产生致癌作用。某些金属元素具有多种氧化态，如锡（+2 价和 +4 价）、铁（+2 价和 +3 价）、铬（+3 价和 +6 价）等，因为这些金属元素中有许多能形成两性离子，既可作为氧化剂，又可作为还原剂。

（4）微量元素的浓度

微量元素的浓度和存在状态将会影响各种生化反应。许多原因不明的疾病（如癌症和地方病）都与微量元素的摄入有关。实际上，对必需微量元素的确认绝非易事，矿物元素的价态和浓度不同，导致排列的有序性和状态不同，因而对生物体的生命活动产生的作用也不同。

3.2 食品色香味成分分析

3.2.1 色素

3.2.1.1 概述

（1）色素的定义

物质能够选择性地吸收和反射不同波长的可见光，其中被反射的光作用在人的视觉器官上而产生的感觉就是颜色。食品中能够吸收或反射可见光进而使食品呈现出各种颜色的物质统称为食品色素，包括食品原料中固有的天然色素、食品加工中形成的有色物质和外加的食品着色剂。食品着色剂是经严格的安全性评估试验并经准许可用于食品着色的天然色素或人工合成的化学物质。

（2）色素的作用

颜色是食品主要的感官质量指标之一，人们在接收食品的其他信息之前，往往先通过食品的颜色来判断食品的优劣，从而决定对某一种食品的"取舍"。食品的颜色能够直接影响人们对食品品质、新鲜度和成熟度的判断。例如，水果的颜色与成熟度有关，鲜肉的颜色与其新鲜度密不可分。因此，如何凸出食品的色泽特征，是食品生产和加工者必须考虑的问题。符合人们心理要求的食品颜色，能给人以美的享受，提高人们的食欲和购买欲望。

食品的颜色可以刺激消费者的感觉器官，并引起人们对味道的联想。例如，红色给人以味浓、成熟和好吃的感觉，而且红色比较鲜艳、引人注目，是人们普遍喜欢的一种颜色。很多的糖果、糕点和饮料都采用这种颜色，以提高产品的销售量。

颜色可影响人们对食品风味的感受。例如，人们认为红色饮料具有草莓、黑莓和樱桃的风味，黄色饮料具有柠檬的风味，绿色饮料具有酸橙的风味。因此，在饮料生产过程中，常为不同风味的饮料赋予不同的符合人们心理要求的颜色。

（3）食品天然色素的分类

天然色素一般是指在新鲜食品原料中眼睛能看到的有色物质，或食品储藏加工时其中的天然成分发生化学变化而产生的有色物质。

第一，按结构食品天然色素可分为四吡咯衍生物（如叶绿素和血红素等）、异戊二烯衍生物（如类胡萝卜素等）、多酚类衍生物（如花青素、黄酮素等）、酮类衍生物（如红曲色素、姜黄素等）、醌类衍生物（如虫胶色素、胭脂虫红色素等）。

第二，按来源食品天然色素可以分为植物色素（如叶绿素、类胡萝卜素、花青素等）、动物色素（如血红素、虾红素等）、微生物色素（如红曲色素等）。

第三，按溶解性质食品天然色素可分为水溶性色素（如花青素、黄酮类化合物等）、脂溶性色素（如叶绿素、辣椒红素等）。

3.2.1.2 常见的食品着色剂

（1）天然着色剂

①焦糖色素。焦糖色素是糖质原料（如饴糖、蔗糖、糖蜜、转化糖、乳糖、麦芽糖和淀粉的水解产物等）在加热过程中脱水缩合形成的红褐色或黑褐色混合物，是应用较广泛的半天然食品着色剂，它为黑褐色的胶状物或块状物，有特殊的甜香气和焦苦味，易溶于水，对光和热的稳定性较好。

②红曲色素。红曲色素是红曲菌发酵制得红曲米的天然色素，属酮类色素，共有六种，分别为红斑素、红曲霉素、红曲素（梦那红）、红曲黄色素、红斑胺

和红曲红胺。它是红色或暗红色的粉末或液体状或糊状物，熔点为 60℃，可溶于乙醇、乙醚和冰醋酸，色调不随 pH 变化，热稳定性高。

③姜黄色素。姜黄色素是从生姜科姜黄属植物姜黄的地下根茎中提取的一组酮类色素，主要成分为姜黄素、脱甲基姜黄素和双脱甲氧基姜黄素三种。姜黄色素为橙黄色结晶粉末，有胡椒气味并略带苦味，几乎不溶于水，而溶于乙醇、丙二醇、冰醋酸、碱溶液或醚中，具有特殊芳香，稍苦，中性和酸性溶液中呈黄色，碱性溶液中呈褐红色，对光、热、氧化作用及铁离子等不稳定，但耐还原性好。

（2）人工合成色素

①苋菜红。苋菜红又名鸡冠花红、蓝光酸性红、杨梅红，为水溶性偶氮类着色剂。苋菜红为红棕色汁、暗红色粉末或颗粒，无臭，具有较好的耐光性、耐热性、耐盐性和耐酸性，但耐氧化、还原性和耐细菌性较差，因此不适合在发酵食品及含还原性物质的食品中使用。

②胭脂红。胭脂红又名丽春红 4R，为水溶性偶氮类着色剂。胭脂红为红色至深红色粉末，无臭，溶于水和甘油，微溶于乙醇，不溶于油脂，其耐光性、耐酸性、耐盐性较好，但耐热性、耐还原性和耐细菌性较弱。

③日落黄。日落黄又名橘黄、晚霞黄，为水溶性偶氮类着色剂。日落黄为橙色的颗粒或粉末，无臭，易溶于水，0.1% 水溶液呈橙黄色，可溶于甘油、丙二醇，但难溶于乙醇，不溶于油脂，对光、热和酸都很稳定，遇碱呈红褐色，还原时褪色，着色力强，安全性高。

3.2.2 酶

3.2.2.1 概述

（1）定义

酶是由生物活细胞产生的具有高效催化功能和高度专一性的有机高分子生物催化剂，除了少数具有催化功能的 RNA 酶，绝大多数酶是蛋白质。只要不处于变性状态，无论在细胞内还是在细胞外，酶都可发挥催化化学反应的作用。

（2）分类

到目前为止，纯化和结晶的酶已超过 2000 种。根据酶的化学成分不同，可将其分为单纯酶和结合酶两类。

①单纯酶。这类酶的基本组成单位仅为氨基酸，此外不含其他成分，通常只有一条多肽链。单纯酶的催化活性仅取决于它的蛋白质结构，如淀粉酶、脂肪酶、蛋白酶等水解酶类。

②结合酶。这类酶由蛋白质部分和非蛋白质部分组成，前者称为酶蛋白，后者称为辅助因子。酶蛋白与辅助因子结合形成的复合物称为全酶。酶蛋白在酶促反应中起着决定反应特异性的作用（即决定结合什么样的底物）；辅助因子则决定反应的类型，参与电子、原子、基团的传递。在一定情况下，没有辅助因子存在，酶蛋白就不能与底物相结合，更无法将底物转化为产物。

辅助因子的化学本质是金属离子或小分子有机化合物，按其与酶蛋白结合的紧密程度不同，可分为辅酶与辅基。辅酶与酶蛋白结合疏松，可用透析或超滤等物理方法除去；辅基则与酶蛋白结合紧密，不能通过透析或超滤将其除去。B族维生素的衍生物是形成体内结合酶辅酶或辅基的重要成分。辅酶或辅基的作用是作为电子、原子或某些基团的载体参与反应并促进整个催化过程。金属离子在酶分子中或作为酶活性部位的成分，或帮助形成酶活性中心所必需的构象。一种辅酶常可与多种不同的酶蛋白结合而组成具有不同专一性的全酶。可见，决定酶催化专一性的是酶的蛋白质部分。

3.2.2.2　食品中的酶

（1）食品中酶的来源

与食品加工有关的酶，根据其来源可分为内源酶和外源酶两大类。内源酶是指作为食品加工原料的动、植物体内所含有的各种酶类。内源酶是使食品原料在屠宰或采收后成熟或变质的重要因素，对食品的储藏和加工都有着重要的影响。

食品加工中的原料多为动、植物组织或微生物。在生物细胞中存在多种多样的酶，因分工不同而定位于细胞的不同场所，从而在不同部位发生不同反应。尽管酶的含量不高，但随着机体的生长发育、成熟，各种酶会在一定时期发挥出相应的催化作用，以保证机体功能的正常进行。

外源酶并非存在于作为食品加工原料的动、植物体内，它通常有两个来源：一是食品在加工储藏中污染微生物所产生的酶；二是为了达到保鲜效果或者为了得到所需的产品质量人为添加的酶，称为商品酶，也叫酶制剂。随着科技发展，在食品工业中，酶制剂的应用日益广泛，如用于淀粉工业、乳品工业、焙烤食品、饮料工业、肉类加工等领域。

（2）酶在食品加工中的应用

酶在食品加工中的应用是比较广泛的，包括利用酶提高食品的品质、改善食品的风味、加快提取食品成分的速度等。除了这几点外，利用酶还能够有效地催熟食品原料。一些食品原料在还没有完全成熟时就需要进行采收，采收后需要再进行催熟处理才能达到食用要求。酶控制着食品原料成熟度的变化，合理地使用酶，能够有效地对食品原料进行催熟处理，控制食品的后期成熟时间。

3.2.3　食品风味

3.2.3.1　概述

（1）概念

当今世界，随着经济技术的发展，人们的生活水平日益提高，对人类赖以生存的基本物质 —— 食品的要求也越来越高，要求食品不仅要具备较好的营养功能，还应该具有良好或独特的风味以及其他感官性能。随着食品风味研究的日益活跃，研究深度和广度的不断扩展，与之相关的新兴学科也不断涌现，食品风味化学和食品风味生物技术就是典型的代表。食品风味化学研究的主要内容包括食品风味的化学组成、分子结构、含量、质量指标和控制技术；风味物质的生成途径、呈味途径及其对人类嗅觉、味觉神经的作用机理；风味物质的分类及其相互作用、稳定性、赋味性、安全性；风味物质的提取、浓缩、合成、分离、生物转化、修饰、鉴别和检测技术等。

食品风味生物技术是在食品风味化学的基础上，随着生物工程的发展而衍生出来的新学科分支，是利用天然生物活体和生物材料进行食品风味物质生产和加工的一个独立的技术体系。

食品作为一种刺激物，能刺激人的多种感觉器官而产生各种感官反应，包括味觉、嗅觉、触觉、运动感觉、视觉和听觉等。食品风味就是这些感官反应的综合，它包括色、香、味、形等。人对食品风味的感受是一个复杂的、综合的生理过程，具体由人的鼻腔上皮的特化细胞感觉出食物气味的类型和浓烈程度；舌表面和口腔后面的味蕾感觉出食物的酸、甜、苦、咸味；人的非特异性反应和三叉神经反应感觉出食品的辣味、清凉和鲜味；人的视觉、听觉和触觉等感觉影响着食品的滋味和气味。

从广义上来讲，食品的风味是指食物在摄入前后刺激人体所有感官而产生的各种感觉的综合，主要包括味觉、嗅觉、触觉、听觉、视觉等感官反应引起的化学、物理和心理感觉的综合效应。

（2）特点

食品中的风味物质一般具有下列特点。

①种类繁多，相互影响。形成某食品特定风味的物质，尤其是产生嗅感的风味物质，其组成一般都非常复杂，类别众多，几乎涵盖了有机化合物的大多数类型。有学者估计，食品中的气味成分有 5000 ～ 10000 种。在风味物质的各组分之间，它们可能会相互作用而产生拮抗作用或协同作用。

②含量很低，但效果明显。对一般的食品而言，无论是嗅感风味物质还是味感风味物质在食品中的含量都很低。具体来说，嗅感风味物质在食品中的含量约为 $10^{-14}\%$ ～ $10^{-8}\%$，味感风味物质的含量比嗅感风味物质的含量高一些。虽然它们在食品中的含量都很低，但是它们所产生的风味效果是非常明显的。例如，马钱子碱在食品中含量达 $7\times10^{-7}\%$ 时，人便会感觉到苦味；当水中含有 5×10^{-6} mg/kg 的乙酸异戊酯时，人便会闻到香蕉气味。

③稳定性比较差，很容易遭受破坏。例如，茶叶的风味物质在分离后就极易自动氧化；油脂的嗅感成分在分离后马上就会转变成人工效应物，而油脂腐败时形成的鱼腥味组分也极难收集。

④风味与风味物质的分子结构缺乏普遍规律。一般说来，食品的风味与风味物质的分子结构都有高度的特异性。风味物质的分子结构即使只是发生很小的变化，食品风味也会发生很大的变化。除此之外，某些能形成相同或类似风味的化合物，其分子结构也缺乏明显的规律性。

⑤风味物质还具有易受浓度介质等外界条件影响等特点。例如，2-戊基呋喃在浓度大时表现出甘草味，稀释后则呈豆腥味。大多数的风味物质都不属于营养性物质，不能够参与体内的代谢活动，但是食品风味能够激发人的食欲，因此对食品加工来说也是很重要的因素。

3.2.3.2 食品中的风味

（1）甜味

甜味是人类很喜欢的一种味道。品尝甜味食品常常能让人感觉到快乐。食品中甜味的强度可以用甜度来表示。食品中的甜味物质分为天然与合成两大类，而天然甜味物质又分为两大类，一类是糖及其衍生物糖醇，如葡萄糖、果糖、木糖醇等，另一类是非糖天然甜味物质，如甘草苷、甜叶菊苷等。

（2）苦味

苦味本身并不是令人愉快的味感，但它和其他味感适当组合时，可以形成一些食品的特殊风味，如茶、咖啡、啤酒、苦瓜等。

无机盐类有些有苦味，如 Ca^{2+}、Mg^{2+} 等离子。一般来说，质量与半径比值大的无机离子都有苦味。有机物中苦味物质更多，如 L- 氨基酸、蛋白质水解生成的小肽具有苦味；生物碱中也有许多苦味物质，如马钱子碱、奎宁、石榴皮碱；还有一些糖苷（如柚皮苷）、尿素类硝基化合物、大环内酯化合物也是苦味物质，如苦味酸、银杏内酯等。葫芦素类化合物是苦瓜、黄瓜、丝瓜、甜瓜的呈苦物质，绿原酸、单宁、芦丁等多酚也具有一定苦味。在苦瓜中，奎宁的苦味贡献最大。动物界最著名的苦味物质是胆汁中的胆酸、鹅胆酸及脱氧胆酸。

（3）酸味

酸味是有机酸、无机酸和酸性盐产生的氢离子引起的味感。适当的酸味能给人以爽快的感觉，并促进食欲。一般来说，酸味与溶液的氢离子浓度有关，氢离子浓度高酸味强，但两者之间并没有函数关系，在氢离子浓度过大（pH<3）时，酸味令人难以忍受，而且很难分辨浓度变化引起的酸味变化。酸味还与酸味物质的阴离子、食品的缓冲能力等有关。食醋、醋酸、柠檬酸、乳酸等是食品工业中最常用的酸味物质。

（4）咸味

咸味是中性盐显示的味感，是食品中不可或缺的、最基本的味感，氯化钠的味道是纯正咸味的代表。咸味是由盐类离解出的正负离子共同作用的结果，正离子是咸味产生的主要原因，它被味觉感受器中蛋白质的羟基或磷酸基吸附，产生咸味。阴离子对咸味影响不大，但它的存在会产生副味。

（5）辣味

辣味不是一种味觉，而是由食品中存在的某些化合物所引起的一种辛辣刺激的感觉。按照味感的不同，天然食用辣味物质可以分为热辣物质（如辣椒、胡椒、花椒等）、辛辣物质（如姜、丁香等）、刺激性辣味物质（如芥末、萝卜等）三类。

3.3 食品添加剂分析

3.3.1 概述

3.3.1.1 食品添加剂的定义

按照《食品安全国家标准 食品添加剂使用标准》（GB 2760—2024）的规定，食品添加剂是为改善食品品质和色、香、味以及为防腐、保鲜和加工工艺的需要而加入食品中的人工合成或天然物质。营养强化剂、食品用香料、胶基糖果中的基础剂物质、食品工业用加工助剂也包括在内。使用食品添加剂的目的是保持食品质量、增加食品营养价值、保持或改善食品的功能性质和感官性质，以及简化加工过程等。

3.3.1.2 食品添加剂的使用原则

使用食品添加剂应遵循以下原则。

第一，不应对人体产生任何健康危害。食品添加剂本身应经过充分的毒理学鉴定，在使用限量范围内长期摄入后对食用者不引起慢性中毒。好的食品添加剂进入人体内之后，基本上都能够参与正常的代谢活动，或是可以在经过正常的解毒后很好地排出体外。

第二，不应掩盖食品腐败变质。

第三，不能为了掩盖食品原材料本身的缺陷而使用添加剂。

第四，不应降低食品本身的营养价值。用于食品后，不能破坏食品的营养素，不能影响食品的质量及风味，不分解产生有毒物质。

第五，在食品加工制造的过程中，有时会使用一些加工助剂，在做成食品成品之前最好是将这些加工助剂除去，尽量避免其进入人体内。

3.3.2 食品中常用的添加剂

3.3.2.1 防腐剂

防腐剂是食品中最常用的一类添加剂，其主要功能在于防止由微生物繁殖所造成的食物变质，能够有效延长食品的食用期限。防腐剂是具有杀死微生物或抑制其增殖作用的物质。按其抗微生物的主要作用性质可分为杀菌剂和狭义的防腐剂（或称保藏剂）。具有杀菌作用的物质称为杀菌剂，具有防腐作用的物质称为防腐剂，但两者没有明确的界线。

3.3.2.2　抗氧化剂

氧化作用会导致食品劣变，特别是对于含油较多的食品，会破坏其中的维生素和蛋白质等营养，甚至能产生有毒有害物质。抗氧化剂就是能够有效阻止食品氧化的添加剂。使用抗氧化剂能够很好地延长食品的储存时间。

抗氧化剂能防止油脂氧化酸败的机理有两种：第一，通过抗氧化剂的还原反应，降低食品内部及周围的氧气含量；第二，抗氧化剂能提供氢，与脂肪酸自动氧化反应产生的过氧化物结合，中断链式反应，从而阻止氧化反应继续进行。使用抗氧化剂时，必须注意在油脂被氧化以前使用才能充分发挥作用。

3.3.2.3　着色剂

为了改善食品的感官性质，增进人们食欲，常需对食品进行着色。这些用于食品着色的物质叫作食用色素。关于食用色素的内容，前文已有详细探讨，在此不再赘述。

3.3.2.4　增稠剂

增稠剂就是一类能提高食品黏稠度或形成凝胶的食品添加剂，在食品加工中能起到提高稠性、黏度、黏着力、凝胶形成能力、硬度、脆性、紧密度以及稳定乳化等作用。合理地使用增稠剂能够使食品获得硬、软、黏、稠等多种丰富的口感。增稠剂一般属于亲水性高分子化合物，食品中用的增稠剂大多属多糖类，少数为蛋白质类。

3.3.2.5　乳化剂

乳化剂是一类具有亲水性和疏水性的表面活性剂，是能够促进或稳定乳状液的食品添加剂。食品乳化剂是一类多功能的高效食品添加剂，具有典型的表面活性作用，如乳化、破乳、助溶、增溶、悬浮、分散、湿润和起泡等；还有在食品工业中的特殊功能，如消泡、抑泡、增稠、润滑、保护作用，以及与类脂、蛋白质、碳水化合物等相互作用。这些作用是乳化剂作为食品添加剂广泛应用的基础。使用这类食品添加剂，不仅能提高食品品质，延长食品的储藏期，改善食品的感观性状，还可以防止食品的变质，便于食品的加工和保鲜，有助于新型食品的开发。

3.4 食品有害成分分析

3.4.1 概述

3.4.1.1 食品有害成分的定义

食品中的有害成分，也称嫌忌成分，或毒素，是食品或食品原料中含有的分子结构不同、对人体有毒或具有潜在危险性的各种物质。当这些有害成分的含量超过一定限度时，即可对人体健康造成损害，有的是急性中毒，有的是慢性中毒，有的还有致癌、致畸、致突变的作用。值得注意的是，定义某物质是有害成分是相对的，随着分析手段的提高和科学的进步，现阶段定义为有害成分的物质，可能在一定量时或特定情况下是有益成分。例如，微量元素硒在 1973 年被世界卫生组织专家委员会宣布为人体生理必需的微量元素之前，一度被认为是有毒元素，它导致了 1856 年在内布拉斯加州流行的一种致马死亡的疾病；亚硝酸盐对正常人是有害成分，但对氰化物中毒者则是有效的解毒剂；食品中酚类物质与蛋白质一起食用时，会对蛋白质的吸收有一定的抑制作用，然而它有抗氧化、清除自由基等作用，又是食品中天然的抗氧化剂和保健成分。

3.4.1.2 食品有害成分对食品安全性的影响

根据《中华人民共和国食品安全法》的规定，食品在规定的使用方式和用量的条件下长期食用，不可对食用者产生不良反应。不良反应既包括一般毒性和特异性毒性，也包括由于偶然摄入所导致的急性毒性和长期微量摄入所导致的慢性毒性。

当前的食品安全问题涉及急性食源性疾病以及具有长期效应的慢性食源性危害。急性食源性疾病包括食物中毒、肠道传染病、人畜共患传染病、肠源性病毒感染以及经肠道感染的寄生虫病等。慢性食源性危害包括食物中有毒、有害成分引起的对代谢和生理功能的干扰，以及致癌、致畸和致突变等作用对健康的潜在性损害。

因此，影响食品安全的因素有很多，如微生物、农药残留、寄生虫、食品添加剂等。另外，食品中营养素不足或数量不够，也容易使食用者发生诸如营养不良、生长迟缓等代谢性疾病，这也属于食品中的不安全因素。

3.4.2　食品中常见的有害物质

3.4.2.1　天然有害物质

（1）植物性食品中的天然毒性成分

①毒酸成分。常见并且典型的毒酸成分，就是广泛存在于植物中的草酸以及以草酸钠或草酸钾形式存在的草酸盐。它是一种易溶于水的二羧酸，与金属离子反应会生成盐，其中与钙离子反应生成的草酸钙在中性或酸性溶液中都不溶解，因此，含草酸过多的食物与含钙离子多的食物共同加工或者食用时，往往会降低食物的营养价值。若是人体摄入过多含有大量草酸和草酸盐的蔬菜，就会造成急性的草酸中毒。临床症状主要有口腔和消化道糜烂、胃出血等，中毒程度严重者，甚至会出现惊厥症状。

②毒苷。存在于植物性食品中的毒苷主要有氰苷、硫苷和皂苷三类。

氰苷存在于许多植物性食品的核仁中，如杏、李等，并且木薯的块根和亚麻子中也含有氰苷。氰苷的基本结构是含有 α-羟基腈的苷，由于其化学性质不稳定，在胃肠中会因酶和酸的作用水解产生醛或酮和氢氰酸，氢氰酸被机体吸收后，其氰离子即与细胞色素氧化酶中的铁结合，从而破坏细胞色素氧化酶传递氧的作用，影响组织的正常呼吸，严重可引起机体窒息死亡。同时，在酸的作用下，氰苷也可水解产生氢氰酸，但一般人体胃内的酸度不足以使氰苷水解而中毒。

硫苷类物质存在于一些蔬菜中，如甘蓝、卷心菜、蒜、葱等。硫苷类物质是这些蔬菜辛味的重要成分。各种天然硫苷都与一种或多种相应的苷酶同时存在，但在完整组织中，这些苷酶不与底物接触，只在组织破坏时，如将湿的、未经加热的组织匀浆做压碎或切片等处理时，苷酶才与硫苷接触，并迅速将其水解成糖苷配基、葡萄糖和硫酸盐。糖苷配基发生分子重排，产生硫氰酸酯和腈。硫氰酸酯抑制碘的吸收，具有抗甲状腺作用；腈类分解产物有毒；异硫氰酸酯经环化可成为致甲状腺肿素，在血碘低时妨碍甲状腺对碘的吸收，从而抑制甲状腺素的合成，甲状腺也因之而发生代谢性增大。

皂苷类可溶于水形成胶体溶液，搅动时会像肥皂一样产生泡沫，故称为皂苷或皂素。皂苷有破坏红细胞引起溶血的作用，对冷血动物有极大的毒性。皂苷存在于许多植物种类中，食品中的皂苷对人多数没有毒性（如大豆皂苷等），但少数也有剧毒（如茄苷）。

（2）动物性食品中的天然毒性成分

①肉毒鱼类毒素。肉毒鱼类又称雪卡鱼，泛指栖息于热带和亚热带海域珊瑚礁周围因食用毒藻类而被毒化的鱼类，主要有梭鱼、黑鲈和真鲷等海洋鱼类。肉毒鱼类毒素是一种脂溶性高醚类物质，无色无味，不溶于水，对热稳定，不易被胃酸破坏，其毒性非常强，比河豚毒素强 100 倍，主要存在于鱼体肌肉、内脏和生殖腺等组织或器官中。该毒素确切的中毒机制目前还不十分清楚，中毒患者的死亡表现为心血管系统的衰竭。

②鱼类组胺毒素。海产鱼类中的青皮红肉鱼，如沙丁鱼、金枪鱼、鲭鱼、大马哈鱼等，体内含有丰富的组氨酸，鱼死亡后在大肠埃希菌、产气杆菌、假单胞菌、变形杆菌和无色菌等富含组氨酸脱羧酶的细菌的作用下，游离的组氨酸脱去羧基产生大量毒性比较强的组胺，从而使食用者发生恶心呕吐、腹泻、头昏等症状，但 1～2d 后症状即消失。

③河豚毒素。河豚毒素主要存在于河豚鱼等豚科鱼类中，一些两栖类爬行动物如水蜥、加利福尼亚蝾螈等也含有河豚毒素。河豚毒素中毒大多是因为可食部分受到卵巢或肝脏的污染，或是直接进食了内脏器官。河豚毒素是氨基全氢喹唑啉型化合物，纯品为无色、无味、无臭的针状结晶，微溶于水，易溶于弱酸性水溶液，不溶于有机溶剂。河豚毒素理化性质稳定，耐光、耐盐、耐热，毒性很强，0.5mg 即可致人死亡。河豚毒素中毒会使神经中枢和神经末梢发生麻痹，最后导致呼吸中枢和心血管神经中枢麻痹，如果抢救不及时，中毒后最快 10min 内死亡，最迟 4～6h 死亡。

④贝类毒素。贝类自身并不产生毒素，但是当它们通过食物链摄取海藻时，有毒藻类产生的毒素在其体内累积放大，转化为有机毒素，即贝类毒素，足以引起人类食物中毒。麻痹性贝类毒素呈白色，可溶于水，易被胃肠道吸收，耐高温、耐酸，在碱性条件下不稳定，易分解失活。麻痹性贝类毒素是低分子毒物中毒性较强的一种，属于神经和肌肉麻痹剂，为强神经阻断剂，能阻断神经和肌肉间神经冲动的传导。

3.4.2.2　食品污染物

（1）微生物毒素

①细菌毒素。常见的易污染食品的细菌有假单胞菌、微球菌和葡萄球菌、芽孢杆菌与芽孢梭菌、肠杆菌、弧菌，以及黄杆菌、嗜盐杆菌、乳杆菌等。当它们以食物为培养基时，可使食品腐败变质，并产生外毒素或内毒素。食品在被一些致病菌污染后，就变成了致病菌的携带体。人体在摄入这类食物后，会发生细菌性食物中毒。细菌性食物中毒患者有明显的胃肠炎症状，通常表现为腹痛、腹泻。

②霉菌毒素。霉菌毒素通常不会被破坏，很多霉菌毒素都耐热，一般的烹调和加工不能破坏其毒性。同时，霉菌毒素及霉菌代谢产物可作为残留物存在于动物肉中或进入乳、蛋中。因此，人食用后易中毒。与食品关系较为密切的霉菌毒素有黄曲霉毒素、赭曲霉毒素、杂色曲霉毒素、岛青霉素、黄天精等。霉菌和霉菌毒素污染食品后，引起的危害主要有两个方面：其一，霉菌会造成食物变质，让食品失去食用价值和经济价值，造成一定的经济损失；其二，人体在不小心摄入携带有霉菌的食品后会造成食物中毒，引发身体不适，从而影响生命健康安全。

（2）化学毒素

①有机污染物。环境中水源、土壤及大气受污染后会使食用动、植物组织中含有化学毒素，如多氯联苯化合物（PCBs）、多溴联苯化合物（PBBs）等多环芳烃化合物。

②农药。农药可通过喷施的直接方式或通过污染水源、土壤、大气等间接方式污染食用作物。污染物在农药中广泛存在，产生污染的主要是有机氯农药滴滴涕和六六六，其中以有机氯、有机磷、有机汞及无机砷制剂的残留毒性最强。

③重金属污染。汞、镉、铅等重金属一般是通过与蛋白质、酶结合成不溶性盐而使蛋白质变性或使活性蛋白质失活，进而造成对人的损伤，严重者会致死。

思考题：

①食品中的水有何作用？

②蛋白质的物理变性和化学变性有何区别？请分别进行简述。

③碳水化合物又称为什么？碳水化合物的物理性质和化学性质分别是什么？

④维生素可以分为哪两类？请分别列举出三种代表维生素，并简述它们对人体的好处。

⑤请阐释食品添加剂的定义，并列举出食品中常见的添加剂，对其进行简述。

第二部分
基础性实验

    食品化学实验中，对食品主要成分的分析实验为基础性实验，本部分内容将从水分、蛋白质、碳水化合物、脂质、维生素、矿物质、酶、色素及食品添加剂等主要成分着手，开展相应的基础性食品化学实验。

课件资源 1   课件资源 2

1　水分

对食品中水分的检测主要包括水分含量的测定和水分活度的测定两个方面，以下将分别对这两个实验进行讲解。

1.1　食品中水分含量的测定

1.1.1　实验原理

水分含量是食品的重要指标，根据《食品安全国家标准　食品中水分的测定》（GB 5009.3—2016）第一法（直接干燥法）执行，本方法适用于在 $101 \sim 105℃$ 下，蔬菜、谷物及其制品、水产品、豆制品、乳制品、肉制品、卤菜制品、粮食（水分含量低于18%）、油料（水分含量低于13%）、淀粉及茶叶类等食品中水分的测定，不适用于水分含量小于 0.5g/100g 的样品。利用食品中水分的物理性质，在 101.3kPa（一个大气压），温度 $101 \sim 105℃$ 下采用挥发方法测定样品中干燥减失的重量，包括吸湿水、部分结晶水和该条件下能挥发的物质，再通过干燥前后的称量值计算出水分的含量。

1.1.2　试剂与器材

本实验需要用到的试剂和仪器包括海砂、恒温干燥箱、电子天平。

1.1.3　实验步骤

1.1.3.1　干燥条件

第一，温度控制在 $100 \sim 135℃$，多用（100±5）℃。

第二，干燥时间以干燥至恒重为准，105℃烘箱法一般干燥时间为 4 ～ 5h；130℃烘箱法干燥时间为 1h。

第三，样品干燥后的残留物一般控制在 2 ～ 4g。

第四，样品质量固体、半固体样品为 2 ～ 10g，液体样品为 10 ～ 20g。

1.1.3.2　样品制备

将固体样品磨碎，用筛子过滤。其中，谷物类的样品需要过 18 目筛，其余的则是用 30 ～ 40 目筛过滤。若是样品中有糖浆等浓稠液体，基本都需要加入清水稀释，有的也可以加入石英砂、海砂等干燥助剂。通过水浴法浓缩后，再将液态样品放入烘箱中干燥处理。

若是谷物类食品的水分含量大于 16%，则需要使用两步干燥法。具体操作如下：先将样品称重，然后切成薄片，厚度维持在 2 ～ 3mm，风干，等待15 ～ 20h 后再称重，随即将经过磨碎和过筛处理的样品放入烘箱中干燥至恒重。水果、蔬菜类的样品需要先切成长条或薄片，重复上述步骤，或者可以将烘箱温度设置为 50 ～ 60℃进行低温干燥，3 ～ 4h 后再将烘箱温度调至 95 ～ 105℃，持续干燥直至恒重。

1.1.3.3　样品测定

样品的测定一般使用的是 105℃烘箱法，固体的样品处理步骤如下：先将处理完成的样品放到提前干燥至恒重的玻璃称量皿里，随后一起放置到95 ～ 105℃的干燥箱中，2 ～ 4h 后取出，再放到干燥器中冷却 0.5h，称重后再放入 95 ～ 105℃的烘箱内烘干，1h 后取出，冷却后称重，再重复干燥，直至得到恒重的结果。

测定半固体或是液体样品时，先将 10g 的干净海砂与一根玻璃棒放到蒸发皿里，使之处于 95 ～ 105℃的温度下进行干燥处理，直至恒重。随后准确取出适量样品称重，放入蒸发皿，用玻璃棒一边搅拌均匀一边通过水浴加热蒸发，擦干净蒸发皿的底部后放 95 ～ 105℃干燥箱中，4h 后取出，再重复上述操作，反复多次，直至得到恒重的结果。

使用 130℃烘箱法进行测定时，须将烘箱预热至 130℃，将试样放入烘箱内，关好箱门，使温度在 10min 内升至 130℃，并在（130±2）℃下干燥 1h。

1.1.4 结果计算

结果按照以下公式进行计算：

$$X = \frac{m_1 - m_2}{m_1 - m_0} \times 100 \qquad （2\text{-}1\text{-}1）$$

式中，X 为样品中水分的质量分数（%）；m_1 为称量皿（或蒸发皿加海砂、玻璃棒）和样品的质量（g）；m_2 为称量皿（或蒸发皿加海砂、玻璃棒）和样品干燥后的质量（g）；m_0 为称量皿（或蒸发皿加海砂、玻璃棒）的质量（g）。

思考题：

①阐述测定水分含量的原理及方法。

②对于含有较多氨基酸、蛋白质及羰基化合物的样品，如何测定其中的水分含量？

1.2 食品中水分活度的测定

1.2.1 实验原理

在食品工业中，测定水分活度的方法有很多，如扩散法、蒸汽压力法、电湿度计法、溶剂萃取法、近似计算法和水分活度测定仪法等。《食品安全国家标准 食品水分活度的测定》（GB 5009.238—2016），规定了康卫氏皿扩散法和水分活度仪扩散法，本次实验采用康卫氏皿扩散法。

首先，将试样密封在恒温的康卫氏微量扩散皿中，其次，等到其分别在水分活度（A_w）较高和较低的标准饱和溶液中扩散到平衡状态，再以样品质量的增加和减少的数量为纵坐标，以每种标准试剂的水分活度数值为横坐标，准确计算出试样的水分活度值。该法适用于中等及高水分活度（$A_w > 0.5$）的样品，是一种快速、方便、广泛应用的测定食品水分活度值的分析方法。

1.2.2　试剂与器材

本实验所用的试剂包括凡士林、标准饱和盐溶液；所用仪器为分析天平（精度为 0.0001g）、恒温箱、康卫氏微量扩散皿（外径 78mm）、坐标纸、玻璃皿（直径 25 ～ 28mm、深度 7mm）；试样选择饼干、苹果等。

1.2.3　实验步骤

实验按照以下步骤开展。

首先，至少选取 3 种标准饱和盐溶液，分别在 3 个康卫氏微量扩散皿的外室预先放入 5mL（标准饱和盐溶液的水分活度值处在试样的高、中、低端）。

其次，从提前进行了精准测量的玻璃皿之中取出 1g 被均匀切碎的食物样品，并记录玻璃皿、试样的总质量，随后在短时间内放入康卫氏微量扩散皿内室中，并且将凡士林均匀地涂抹在扩散皿磨口的边缘，关闭盖子进行密封。

最后，在（25±0.5）℃ 的恒温箱中静置（2±0.5）h，然后取出其中的玻璃皿及试样，迅速准确称量，并求出样品的质量。再次平衡 30min 后，称量，至恒重为止。分别计算试样在不同标准饱和盐溶液的质量增减数。

1.2.4　结果计算

以各种标准饱和盐溶液在 25℃ 时的 A_w 值为横坐标，以每克试样增减的毫克数为纵坐标，在坐标纸上作图，将各点连接成一条直线，这条线与横坐标的交点即为所测试样的水分活度值。

思考题：

①水分活度与食品储藏稳定性的关系是怎样的？

②水分活度的测定在食品工业行业中有什么样的意义？

2 蛋白质

对食品中蛋白质的测定主要包括蛋白质含量、水合能力、水溶性和乳化性、盐析与透析等内容，还可就其开展一些综合性实验，以下将分别对这些实验展开讲解。

2.1 食品中蛋白质含量的测定

2.1.1 实验原理

蛋白质含量测定按照《食品安全国家标准　食品中蛋白质的测定》（GB 5009.5—2016）执行。首先，样品与硫酸、硫酸铜、硫酸钾一同加热消化，使蛋白质分解，分解出的氨与硫酸结合生成硫酸铵。其次，通过碱化蒸馏处理使氨游离出来，并用硼酸吸收氨，再借助硫酸或盐酸标准滴定溶液滴定，基于酸的消耗量乘以换算系数，计算出样品所含蛋白质的质量。不过，上述方法不能用于测定添加了无机含氮物质与有机非蛋白质含氮物质的样品。

2.1.2 试剂与器材

本实验用到的试剂及其制备方法如下。
①硫酸铜、硫酸钾、浓硫酸、95% 乙醇，以上试剂均为分析纯。
② 40% 氢氧化钠溶液：称取 40g 氢氧化钠溶于 60mL 蒸馏水中。
③ 4% 硼酸溶液：称取 4g 硼酸溶于蒸馏水中并稀释至 100mL。
④ 0.1mol/L 盐酸标准滴定溶液：用无水碳酸钠标定。
⑤甲基红 — 亚甲基蓝混合指示液：将亚甲基蓝乙醇溶液（1g/L）和甲基红乙醇溶液（1g/L）按 1：2 体积比混合。

实验用到的仪器有 500mL 凯氏烧瓶、可调式电炉、绞肉机、组织捣碎机、粉碎机、研钵与蒸汽蒸馏装置。

2.1.3　实验步骤

2.1.3.1　样品制备

对于不同物质形态的样品，其制备的方法有所不同，具体如下。

①如果是固体样品，取出不少于 200g 的有代表性的样品，用研钵将其捣成细末；对于那些不容易被捣碎、磨细的样品，则需要先剪切成细小颗粒；要将干固体样品磨细则需要使用粉碎机。

②如果是液体样品，需要先将液体样品搅拌均匀，再取出至少 200mL 样品。

③如果是粉状样品，需要取出至少 200g 粉末，如果其中有颗粒较大的，则需要在研钵中研磨成细末，并混合均匀。

④如果是糊状样品，需要严格依照液体与固体之间的比例，取出不少于 200g 的有代表性的样品，同样混合均匀。

⑤如果是固液体样品，同样要严格按照比例，取出有代表性的 200g 样品，并且放入组织捣碎机中搅拌均匀。

⑥取肉制品时，要先去除无法食用的肉，再将不少于 200g 的具有代表性的肉制品用绞肉机绞两次以上，使其混合均匀。

此外，上述每种样品都应密封在玻璃容器中，并储存在恒定 4℃ 的冰箱内。

2.1.3.2　称样处理

对于固体、粉状、糊状、固液体试样，称取 0.5～5g 试样（使试样中含氮 30～40mg），精确至 0.001g，放入凯氏烧瓶中（避免黏附在瓶壁上）。对于液体试样，称取 10～20mL 移入凯氏烧杯中，蒸发多余水分。

2.1.3.3　消化

在消化这一步骤中，首先按照次序分别向凯氏烧瓶中加入 0.4g 硫酸铜、10g 硫酸钾、20mL 硫酸以及若干粒大小均匀的玻璃珠。随即将整个烧瓶放到 45℃ 的电炉上加热。加热至瓶中液体冒泡时停止，等到其内容物均匀后再调高温度，维持液面轻微沸腾即可。加热到溶液变成透明的蓝绿色时继续加热 0.5～1h，随即取下烧瓶，待其温度冷却到 40℃，向其中徐徐加入水并摇晃均匀。最后冷却至室温。

2.1.3.4 蒸馏

（1）常量蒸馏

常量蒸馏的步骤：先将 50mL 4% 硼酸溶液以及 4 滴甲基红 —亚甲基蓝混合指示液放入接收瓶。随后将该瓶放置到蒸馏装置的冷凝管下口处，并将冷凝管下口放入硼酸溶液之中。随即，将其中有消化液的凯氏烧瓶与氮素球连接，置于氮素球下，塑料管的下端浸入烧瓶中的消化液，并沿着漏斗向凯氏烧瓶中以稳定而缓慢的速度加入 70mL 40% 氢氧化钠溶液，期间确保漏斗底部自始至终有少量碱液留存，倒完后封口。烧瓶内的液体会因为加入碱呈现黑褐色。随后通入蒸汽，蒸馏的 20min 中要令液面始终沸腾，并且至少收集 80mL 的蒸馏液。随即，将接收瓶的高度调低，直到冷凝管管口脱离液面，然后继续蒸馏，3min 后用少量清水冲洗管口，冲洗液一并倒入接收瓶。最后取下接收瓶。

（2）微量蒸馏

微量蒸馏的步骤：将消化完成并冷却到室温的消化液全部移入 100mL 的瓶子里，随后用蒸馏水定容至刻度，并摇晃均匀。随即，将 10mL 4% 硼酸溶液与 1 滴混合指示液倒入接收瓶，再将其放置到蒸馏装置的冷凝管下口，使小口浸没于硼酸溶液。取出 10mL 经过稀释定容的试液，并沿着小玻璃杯转移到反应室。同时，将用少量蒸馏水冲洗后的小玻璃杯也转移到反应室。将棒状玻璃塞塞紧后，往小玻璃杯内倒入 10mL 40% 氢氧化钠溶液。随后将玻璃塞提起，令其中的氢氧化钠溶液缓速流进反应室。完成后即刻塞紧玻璃塞，向小玻璃杯中加入清水后密封。通入蒸汽进行蒸馏，5min 后调整接收瓶的高度，使冷凝管管口与液面分开，然后再蒸馏 1min。随后用少许蒸馏水冲洗冷凝管管口，冲洗液一并倒入接收瓶中。最后取下接收瓶。

2.1.3.5 滴定

用 0.1mol/L 盐酸标准滴定溶液滴定收集液至刚刚出现紫红色。同一试样做两次平行实验，同时做空白实验。

2.1.4 结果计算

常量蒸馏按以下公式计算：

$$x = \frac{(V - V_0) \times 0.014 \times c}{m} \times F \times 100 \qquad (2\text{-}2\text{-}1)$$

微量蒸馏按以下公式计算：

$$x = \frac{(V - V_0) \times 0.014 \times c}{m \times \dfrac{10}{100}} \times F \times 100 \qquad (2\text{-}2\text{-}2)$$

式中，x 表示食品中蛋白质含量（质量百分率）（%）；V 表示滴定试样时消耗 0.1mol/L 盐酸标准滴定溶液的体积（mL）；V_0 表示空白试验时消耗 0.1mol/L 盐酸标准滴定溶液的体积（mL）；c 表示盐酸标准滴定溶液的摩尔浓度（mol/L）；0.014 是指 1mL 1mol/L 盐酸标准滴定溶液相当于氮的质量（g）；m 表示试样的质量（g）；F 为氮换算为蛋白质的系数。

思考题：

①使用凯氏定氮法测定蛋白质含量的原理是什么？

②在样品消化过程中加入硫酸铜及硫酸钾的作用是什么？在消化过程中是否可以加入大量硫酸钾，为什么？

③样品消化过程中可加入的催化剂还有哪些？这些催化剂之间有什么不同？

2.2 蛋白质水合能力的测定

2.2.1 实验原理

在蛋白质分子中，亲水基团与水发生作用，从而使水处于不能流动的状态，这就是蛋白质的水合能力（WHC），通常用每克蛋白质吸附水分的质量（g）或体积（mL）来表示。[1]将蛋白质样品置于水中，其中水量必须超过蛋白质所能结合的水量，然后采用过滤、低速离心或压挤的方法将过剩的水和被蛋白质保留的水分开。

---

[1] 邵颖，刘洋 . 食品化学 [M]. 北京：中国轻工业出版社，2018：281.

2.2.2 试剂与器材

实验所用试剂有 0.1mol/L 的盐酸或氢氧化钠溶液，试剂均为分析纯。

实验所用仪器有台式离心机、50mL 塑料离心管、磁力搅拌器、酸度计、恒温水浴锅、天平等。

实验使用的试样为大豆分离蛋白或大豆浓缩蛋白。

2.2.3 实验步骤

实验按照以下步骤开展。

第一，取 50mL 塑料离心管，称量质量。

第二，准确称取 1g 试样置于离心管中，加蒸馏水 30mL，用磁力搅拌器使蛋白质溶液分散均匀。

第三，测量样液的 pH，用 0.1mol/L 的盐酸或氢氧化钠溶液调节样液的 pH 至 7。

第四，在 60℃ 恒温水浴锅中加热 30min，然后在冷水中冷却 30min。

第五，把样品管置于离心机中，在 3000r/min 条件下 25℃ 离心 10min 后倾去上清液。称取离心管的质量，计算出每克蛋白质样品的持水力。

2.2.4 结果计算

蛋白质的水合能力可按以下公式计算：

$$WHC = \frac{质量差}{样品质量} \qquad (2\text{-}2\text{-}3)$$

若测定的样品为不溶物，则：

$$质量差 = m_2 - m_1 - 1 \qquad (2\text{-}2\text{-}4)$$

若测定的样品为部分溶解物，则：

$$质量差 = m_2 - m_1 - \frac{100 - S}{100} \qquad (2\text{-}2\text{-}5)$$

式中，m_1 为离心前的蛋白质的质量；m_2 为离心后的蛋白质的质量；S 表示样品的溶解度（%）×干样的蛋白质含量（%）。

思考题:

①影响蛋白质水合能力的因素有哪些?

②蛋白质的溶解性和水合能力之间存在对应关系吗? 并说明原因。

2.3　蛋白质的水溶性和乳化性

蛋白质作为有机大分子物质，在水中以胶体态存在，并不是真正意义上的溶解态，只是人们习惯将其称为溶液。蛋白质具有乳化性，在稳定牛奶、乳脂、黄油、干酪等胶态体系的食品中通常起着重要的作用。

将蛋白质应用于肉制品加工，从营养学角度讲，具有低脂肪、低热能、低胆固醇、低糖、高蛋白、强化维生素和矿物质等合理营养的作用。利用蛋白质的水溶性可以减少肉制品加热处理时水分的损失及收缩率，减少加工损失和降低油腻感，从而降低产品的成本；利用蛋白质的乳化性可提高肥肉利用率，降低产品的油腻感，并能防止脂肪析出。

将蛋白质应用于面制品加工，可增加产品的蛋白质含量，并可利用蛋白质的互补作用提高蛋白质的生物价，从而提高面制品的营养价值。还可利用蛋白质良好的水溶性、乳化性等功能特性提高产品质量，增加企业的经济效益。

蛋白质在乳制品加工中也有广泛的应用。在冷冻制品（如冰激凌）、咖啡乳、小吃食品、糖果中，可直接利用蛋白质的乳化性等功能特性。大豆分离蛋白应用于冰激凌生产时，可代替脱脂奶粉，对冷冻时气泡的稳定性有效果，此外还可以起到改善冰激凌的乳化性质、推迟冰激凌中乳糖结晶、防止起沙现象的作用。

2.3.1　实验原理

蛋白质的功能特性及其变化规律非常复杂，受多种因素的相互影响，如蛋白质种类、浓度、温度、溶剂、pH、离子强度等。

2.3.2 试剂与器材

本实验所用试剂及其配制方法如下。

①盐酸溶液（1mol/L）：吸取 9mL 浓盐酸，用水稀释至 100mL。

②氢氧化钠溶液（1mol/L）：称取 4g 氢氧化钠，用水溶解并稀释至 100mL。

③氯化钠饱和溶液：称取 20g 氯化钠，用 40mL 水边溶解边搅拌，静置，上清液为氯化钠饱和溶液。

④硫酸铵饱和溶液：称取 80g 硫酸铵，用 100mL 水边溶解边搅拌，静置，上清液为硫酸铵饱和溶液。

⑤氯化钙饱和溶液：称取 80g 氯化钙，用 100mL 水边溶解边搅拌，静置，上清液为氯化钙饱和溶液。

⑥曙红 Y 溶液（5g/L）：称取 0.5g 曙红钠盐，用水溶解并稀释至 100mL。

此外，本实验使用到的试剂还有硫酸铵、酒石酸。

实验使用的仪器设备有恒温水浴锅、电子天平、显微镜，以及容量瓶、滴定管、烧杯、移液管等。

实验选用的试样材料有蛋清蛋白溶液（5%）、大豆分离蛋白粉、卵黄蛋白。

2.3.3 实验步骤

2.3.3.1 蛋白质的水溶性分析

蛋白质的水溶性分析实验按照以下步骤开展。

第一，将 0.5mL 的蛋清蛋白溶液倒入 15mL 具塞刻度试管之中，随即加入 5mL 水，轻轻摇晃使内部液体混合均匀，并观察试管中是否产生沉淀。随后向溶液中一滴一滴加入饱和氯化钠溶液，摇匀后即获得澄清的蛋清蛋白的氯化钠溶液。

第二，从上一步骤制得的溶液中取 3mL 加入 15mL 的试管中，再向其内加入 3mL 饱和硫酸铵溶液，并仔细观察蛋白沉淀析出的情况。随后向试管内加入足够至饱和浓度的硫酸铵固体，摇晃使之混合均匀。观察蛋清蛋白从溶液里析出的情况，并解释上述实验中蛋清蛋白在水中、氯化钠溶液中的溶解度，以及蛋白质沉淀现象出现的原因。

第三，取大豆分离蛋白粉分别加入 4 个 15mL 容量的试管中，均为 0.15g，随即分别倒入 5mL 水、5mL 饱和氯化钠溶液、5mL 氢氧化钠溶液、5mL 盐酸溶液，摇晃使之混合均匀后用 30℃ 水进行水浴加热，等待一会儿后仔细观察大豆蛋白在 4 种溶液中的溶解度。

第四，分别向上一步骤中的第 1、2 支试管中加入 3mL 饱和硫酸铵溶液，使其中的大豆蛋白沉淀析出，再取上一步骤的第 3、4 支试管，用盐酸溶液、氢氧化钠溶液将其 pH 调为 4 ～ 4.5，随后观察其沉淀生成情况。最后对大豆蛋白的溶解性以及 pH 对大豆蛋白溶解性的影响做出合理解释。

2.3.3.2　蛋白质的乳化性分析

向 15mL 具塞试管中加入 1mL 卵黄蛋白，随后倒入约 9mL 的水，待其混合均匀后，一边振摇一边加入 1mL 的植物油，随后盖紧瓶塞，用力振荡试管，5min 后观察到其内液体变成了均匀的乳状液，将其静置，10min 后其内泡沫基本消除，观察乳化效果。

另取 1mL 卵黄蛋白于另一 15mL 具塞试管中，加入 9mL 水、0.25g 氯化钠，混合均匀后，边振摇边加入 1mL 植物油，盖上瓶塞，强烈地振荡 5min，使其分散成均匀的乳状液，静置 10min，观察乳化效果。

从乳化层中取出 2mL 溶液于 10mL 试管中，加入曙红 Y 溶液数滴，待染色均匀后，取一滴乳状液在显微镜下仔细观察。被染色部分为水相，未被染色部分为油相，根据显微镜下观察得到的染色分布确定该乳状液是属于水包油型还是油包水型。

思考题：

①影响蛋白质水溶性的因素有哪些？
②乳化液分几种类型？如何减少蛋白质乳化现象的发生？

2.4　蛋白质的盐析和透析

在蛋白质溶液中加入中性盐后，因中性盐浓度的不同可产生不同的反应。低浓度盐可使大多数蛋白质溶解度提高，称为盐溶作用，是由于低浓度盐可促使蛋白质表面吸附某种离子，导致其颗粒表面同性电荷数目增加而排斥力增强，同时与水分子的作用也增强，从而提高了蛋白质的溶解度。当蛋白质处于高盐浓度环境时，蛋白质的水化层会遭到破坏，并且分子中的电荷会被中和，蛋白质颗粒随即相互聚集而沉淀，这种现象称为盐析作用。不同的蛋白质因分子大小、电荷多少的不同，盐析时所需盐的浓度也各异。采用盐析法沉淀分离蛋白质的优点是沉淀出来的蛋白质不会变性。因此，中性盐沉淀法常用于酶、激素等具有生物活性的蛋白质的分离制备。常用的中性盐有氯化钠、硫酸钠等，但以硫酸铵最多。得到的蛋白质一般不失活，一定条件下可重新溶解，故这种沉淀蛋白质的方法在分离、浓缩、贮存、纯化蛋白质的工作中应用极广。蛋白质透析是一种通过分子量大小和化学性质将分子分离的技术。在这个过程中，蛋白质会通过一种透析膜，该膜具有特定的孔隙和化学特性，能够将蛋白质分离成不同的组分。

蛋白质的盐析和透析在生活中有着广泛的应用。在医学领域，可以利用蛋白质盐析检测血液病毒，即在化学盐溶环境下通过盐析反应将血液样本中的蛋白质分离，从而检测血液当中的病毒。对于肾功能不良的患者，透析是一种重要的治疗方法。肾功能不良会导致毒素和废物积聚在体内，蛋白质透析则可以帮助去除这些废物并恢复肾功能。同时，由于生长指数的不同，蛋白质透析技术能够分离出不同种类的癌细胞，并为治疗提供更精确的数据。在食品加工行业中，可以利用蛋白质的盐析反应分离出植物性蛋白质，作为制作可可糊等食品的原料。在制药领域，可以利用蛋白质的盐析反应分离蛋白质，以便进行生物活性物质的结构分析、药物稳定性研究、药物效果评估等工作。此外，在农业领域，利用蛋白质透析技术可开展对养殖技术和植物生长的研究；在化学工业领域，利用蛋白质透析技术可开展对新化合物的分离和筛选等。

2.4.1 实验原理

蛋白质的盐析现象是指在无机盐的作用下，蛋白质从蛋白质溶液中沉淀析出的现象，而对通过盐析作用沉淀分离后的蛋白质进行脱盐提纯的常用方法即为透析。透析是利用小分子能通过而大分子不能通过半透膜的原理，把不同性质的物质彼此分开的一种手段。❶

---

❶ 韦庆益，高建华，袁尔东，等．食品生物化学实验 [M]．广州：华南理工大学出版社，2012：79．

2.4.2　试剂与器材

实验所用的试剂有硫酸铵，需要制备的试剂如下。

①饱和硫酸铵溶液：称取 76.6g 硫酸铵溶于 100mL 水中。

②氯化钠溶液（0.9%）：称取 9g 氯化钠，用水溶解并稀释至 1000mL，混匀。

②氯化钠溶液（30%）：称取 30g 氯化钠，用水溶解并稀释至 100mL，混匀。

③硝酸盐溶液（1%）：称取 1g 硝酸银，用水溶解并稀释至 100mL，于棕色瓶中保存。

④硫酸铜溶液（1%）：称取 1g 硫酸铜，用水溶解并稀释至 100mL。

⑤氢氧化钠溶液（10%）：称取氢氧化钠 10g，用水溶解并稀释至 100mL。

实验使用的仪器有电子天平、透析袋、烧杯、试管、移液管、滴管、容量瓶等。

实验选用的样品材料为鸡蛋。

2.4.3　实验步骤

2.4.3.1　样品前处理

制备蛋清溶液（10%）：选新鲜鸡蛋，在蛋壳上击破一小孔，取出蛋清，按新鲜鸡蛋清 1 份、0.9% 氯化钠溶液 9 份的比例稀释，配制蛋清溶液，混匀，四层纱布过滤后备用。

制备氯化钠蛋清溶液：取一个鸡蛋的蛋清，加入 30% 氯化钠溶液 100mL、水 250mL，混匀，四层纱布过滤。

2.4.3.2　蛋白质盐析

取两支试管，分别加入 10% 蛋清溶液 5mL，饱和硫酸铵溶液 5mL，微微振荡试管后，静置 5min，观察是否有沉淀物产生，如无沉淀可再加少许饱和硫酸铵溶液，观察蛋白的析出情况。

取其中一支试管，用滴管弃去上清液，加水至浸没沉淀物，观察沉淀是否会再溶解，说明沉淀反应是否可逆。

用滤纸把另一试管的沉淀混合物过滤，向滤液中添加固体硫酸铵至溶液饱和，观察溶液是否有蛋白质沉淀产生。

2.4.3.3 蛋白质透析

首先，进行透析袋的制备。将 10mL 5% 火棉胶试剂直接倒入准备好的干净、干燥的 100mL 大小的三角瓶中，将试剂全部倒入后，再缓慢匀速地转动此瓶，令火棉胶试剂均匀地分布于三角瓶的内壁上，去除多余的火棉胶后将三角瓶倒置，待其自然风干。10min 后将瓶口处的火棉胶去除，随即小心地将自来水沿着瓶内壁与袋膜间隙流入，目的是逐步分离透析袋与瓶壁。分离后即取出透析袋，并仔细观察其上是否有破损。

其次，进行透析。取 10mL 氯化钠蛋清溶液注入透析袋内，扎紧透析袋顶部，系于一横放在盛有蒸馏水的烧杯上的玻璃棒上，调节水位使透析袋完全浸没在蒸馏水中。

再次，透析完成后对透析情况进行检验。透析 10min 后，从烧杯中分次取透析用水 2mL，分别置于两支试管中，一支用 1% 硝酸银溶液检验氯离子是否被透析出；另一支加入 2mL 10% 氢氧化钠溶液摇匀，再加 1% 硫酸铜溶液数滴，进行双缩脲反应，检验蛋白质是否被透析出。

最后，每隔 20min 更换烧杯中的蒸馏水以加速透析进行，经数小时至烧杯中的水不再有氯离子检出为止，表明透析完成。因为蛋清溶液中的蛋白不溶于纯水，此时可观察到透析袋中有蛋白沉淀。

思考题：

①盐析与透析在蛋白质、生物酶提取纯化中有什么样的意义？
②蛋白质可逆沉淀反应与不可逆沉淀反应的区别在哪里？

2.5 面筋蛋白的分离

在面粉中，能检测到的主要化学成分包括蛋白质、糖分、脂肪、灰分、水分等。其中，蛋白质占比平均为 16%，而蛋白质中，麦谷蛋白和麦胶蛋白含量超 80%。这些成分虽然不能溶解在水中，但是对水有着一定的亲和作用，吸水后能膨胀成一种柔软的胶状物，而这正是组成面筋的主要成分。在面粉的等级质量标准中，湿面筋的含量是其关键参数。为使烘焙食品具有期望的质构，小麦粉必须能在烘焙时形成具有一定韧性和弹性的网状结构，而且产品出炉后也要具有合适的强度。由面粉制得的面筋蛋白对烘焙过程中面团或面糊具备的弹性和烘焙后具备的半刚性结构贡献较大。

面筋的本质是一种蛋白质的高度水化物，形成面筋的过程也是一次化学反应的过程。因此，可以说所有会影响该化学反应进行的因素都会影响面筋的形成程度。其中，比较重要的方面如下。

①面粉的品质。要想形成的面筋多，必须使用含有高面筋蛋白质的面粉。通常高等级面粉的面筋蛋白质含量比低等级面粉的高，而那些受到虫害或产生霉变的面粉，其面筋蛋白质比正常情况下低很多。

②加水量。前文已经提到，面筋生产反应中，水是必备的一种反应物。如果加水量不足，会导致反应不够充分，影响面筋生成率，其品质也不高。不过，加水量也不能过多，否则会使酶对蛋白质的作用速度过快，同样会降低面筋生成率，并且还会令面团过于柔软，达不到生产标准。

③调制温度。控制水温是面团调制温度的主要方式。在实验中已经证实，如果水温低于 30℃，当温度逐步提高时，面筋形成的程度也会随之提高；若面筋蛋白质处于 30℃ 左右，则它的吸水率高达 150%，此时的面筋生成率到达顶点；若水温比 30℃ 高，面筋的生成率会随着温度升高而降低；当水温超过 65℃，面筋蛋白则会因热变性导致面筋生成率明显降低。

④搅拌强度。面筋蛋白与水如果能得到适当的搅拌与揉搓，能增强二者间的接触面积，使面筋形成的速度加快，生成率随之提高。但同样不可过度搅拌，否则会令面筋蛋白质中的二硫键转化为分子内部的二硫键，从而削弱分子之间的结合程度，令面筋性能减弱。

⑤静置时间。站在理论的角度，面团静置的时间足够长，就能使面筋蛋白充分吸收水分形成水化物，进而大大提高面筋生成率。不过，人们在实践中发现，静置时间对正常品质的面粉而言没有太大效果，因此一般静置 20min 即可。

⑥特殊原辅料。此处提到的特殊原辅料主要包括油脂、盐和糖等。

面筋的物理性质包括高弹性、韧性、可塑性和延伸性等方面。因此，虽然在整个面团中面筋占据的比例并不算最多，但其特殊的性质令其在特定面团结构中突出表现出某些方面的工艺性能。

譬如，若面筋的产生受到抑制，那么面团就产生弹性下降、可塑性提高的变化；相反，面筋在充分膨胀之时，面团的弹性、韧性和延伸性提高，可塑性减弱。由此可见，面团中的面筋能够表现出的性质正代表了面团的性质。所以，在实践中要控制面团的工艺性质，主要途径是控制好面筋的质量，努力在上述面筋生成率因素与面团工艺要求之间寻得恰到好处的平衡。

2.5.1　实验原理

面粉与水混合后，面粉中的麦谷蛋白和麦醇溶蛋白结合形成面筋，面筋的作用是为烘焙食品提供结构和包裹烘焙时产生的气体。然而，很多面糊和面团不单单是面粉和水的混合物，其他的成分（如糖、盐、油、乳化剂和面粉改良剂等）也会对搅拌和揉捏过程中形成的面筋的量产生影响，从而影响烘焙食品的最终质构。本次实验旨在让学生掌握面筋的本质，学会制作面筋，了解面粉的性质，了解其他成分对面筋形成的影响。

2.5.2　试剂与器材

实验所需的材料与试剂主要有全麦粉 50g、面包粉 50g、通用粉 50g、糖 25g、植物油 10mL、盐 1g、纱布、碘化钾—碘溶液 5mL。

碘化钾—碘溶液的制备方法：称取 0.1g 碘和 1g 碘化钾，用水溶解后再加水至 250mL。

实验使用的仪器用具主要有天平、烤箱。

2.5.3　实验步骤

①将面粉与其他成分按表 2-2-1 所示配方充分混匀，加水搅拌，制成可用手揉捏的生面团。

表 2-2-1　面筋配方

样品号	面粉 /50g	添加的成分	水 /mL
1	低筋粉	—	30

样品号	面粉 /50g	添加的成分	水 /mL
2	高筋粉	—	30
3	高筋粉	25g 砂糖	30
4	高筋粉	10mL 油	20
5	高筋粉	0.5g 氯化钠	30

②用手揉面团 10 ～ 15min，直到面筋较好地形成。

③将面团放入两层纱布做成的袋中，并置于流动水下洗涤，直到洗面团的水澄清。在烧杯中滴加碘化钾 — 碘溶液检查洗面团水的澄清度，到无蓝色出现时洗涤完成（需 30min 或更长时间）。处理全麦粉时，要先除去其中的麦糠再放入纱布中冲洗。

④洗完的面团就是面筋。称重，注意观察它的黏弹性。

⑤将面筋制成小球状，放入 230℃ 烤箱中烘烤 15min，再降低温度到 150℃ 烘烤 20min 或直到干燥。烘烤时烤箱应关闭。所有放进同一烤箱的面筋球应该放在同一个盘子上，间距至少 15cm，并同时放入烤箱。观察烘焙后面筋的品质。

⑥在表 2-2-2 中记录不同面筋的参数。

表 2-2-2　面筋参数

面筋参数	1	2	3	4	5
面筋团的质量					
烘焙后的面筋球直径					

思考题：

①分离面筋蛋白的原理是什么？

②影响面筋形成的因素包括哪些？

2.6 蛋白质的胶凝机理研究 —— 豆腐的制作

豆腐是一种营养丰富又历史悠久的食材，大众对豆腐的喜爱推动了豆腐制作工艺的进步和发展。豆腐主要的生产过程，一是制浆，即将大豆制成豆浆；二是凝固成形，即豆浆在热与凝固剂的共同作用下凝固成含有大量水分的凝胶体 —— 豆腐。豆腐被誉为"植物肉"，是因为其内不仅含有人体所需的多种微量元素，还富含优质蛋白。再加上人体对豆腐的吸收利用率很高，其得到了大部分人的喜爱。2014 年，我国《第四批国家级非物质文化遗产代表性项目名录》公布，"豆腐传统制作技艺"被纳入其中，中国传统美食豆腐的价值又多了一层文化内涵与传承意义。

2.6.1 实验原理

做豆腐要用水浸泡大豆，大豆经研磨分散于水，形成相对稳定的蛋白质溶胶 —— 生豆浆。蛋白质分子集合体共同组成了生豆浆胶粒。由于得到了水化膜与双电层的保护，正常情况下胶粒很难聚集起来，以至于生豆浆始终保持着亚稳状态。加热后的生豆浆的蛋白质分子热运动加剧，其内部的多肽链卷曲后伸展，并且分子间的疏水基与巯基共同组成了疏水键和二硫键，导致胶粒之间产生一定的结合。伴随着这个过程，蛋白质胶粒表面的亲水基与静电荷密度也不断提高，最终形成一种较为稳定的前凝胶体系，也就是生豆浆变成了熟豆浆。向熟豆浆中加入适当的电解质凝固剂（如石膏），就能令其中的大豆蛋白质变成凝胶。电解质能够使蛋白质变性，并且镁离子、钙离子能破坏蛋白质胶粒上的水化膜和双电层，促进蛋白质胶粒的聚结，并在形成 —Mg— 或 —Ca— 桥后连接分散的蛋白质分子，使这些分子以网状结构的形式包裹住水分，最终形成豆腐脑。随后对豆腐脑施加一定压力，排出其中一部分自由水，就产生了豆腐这一凝胶体。

2.6.2 实验材料

本实验用到的材料有黄豆、盐卤、纱布、电磁炉。

2.6.3　实验步骤

将 300g 黄豆泡 8 ～ 9h，至黄豆彻底泡发（这些豆子做出的豆腐大约 0.5kg）。黄豆加水，用料理机或豆浆机（冷饮功能）磨成豆浆，将一块干净的大纱布（双层）放在大一点的盆上，将豆浆隔筛网倒入纱布中，过滤出豆渣（尽量挤得干一些）。豆浆放入锅中，用中小火烧热，用勺子撇去表面的浮沫，小火慢慢熬煮，边煮边用大勺划圈搅拌，以免糊锅。豆浆煮沸腾后关火，将豆浆离火，自然降温至 80 ～ 90℃，此时将 6g 盐卤与 200mL 温水混合，盐卤溶化后倒入，迅速搅拌开（动作一定要迅速），3 ～ 4s 即盖上锅盖，焖 15min 左右，打开锅盖就会发现豆浆已经凝固。随后将锅中凝固的豆浆快速搅碎（搅得越碎出水越多），然后取下模具底垫，放在有孔的篦子上，上面放一层纱布，将凝固的豆浆舀到模具中，覆盖上纱布，再放上拿下来的底垫，将一盆水压在上面 30min，豆腐就制作完成了。

思考题：

①豆腐主要是根据蛋白质的什么特性制作的？
②蛋白质的胶凝机理在食品加工过程中的运用还体现在哪些方面？举例说明。

2.7　从牛奶中分离乳脂、酪蛋白和乳糖

2.7.1　实验原理

牛奶中的乳脂经离心后会上浮，乳脂层经分离后留下的即为脱脂乳，脱脂乳当中又可分离出酪蛋白和乳糖。酪蛋白是牛奶中蛋白质的主要部分，并以酪蛋白酸钙—磷酸钙复合体胶粒的形式存在，其在酸或凝乳酶的作用下会发生沉淀。❶
实验通过加酸调节 pH，当达到酪蛋白等电点 pH4.6 时，酪蛋白沉淀。脱脂

---

❶　严奉伟，丁保淼．食品化学与分析实验 [M]．北京：化学工业出版社，2017：84．

乳除去酪蛋白后剩下的液体为乳清，乳清中含有乳白蛋白和乳球蛋白，以及溶解状态的乳糖。乳中糖类 99.8% 以上是乳糖，可通过浓缩、结晶制取乳糖。

2.7.2 试剂与材料

实验需要的试剂有 10% 醋酸溶液、95% 乙醇、乙醚、碳酸钙、5% 醋酸铅溶液、10% 氯化钠溶液、0.5% 碳酸钠溶液、0.1mol/L 氢氧化钠溶液、0.2% 盐酸溶液、饱和氢氧化钙溶液以及米伦试剂。米伦试剂的调配：将 100g 汞溶于 140mL（相对密度 1.42）的浓硝酸中（在通风橱内进行），然后加 2 倍量的蒸馏水稀释。

实验使用的材料为新鲜牛奶。

2.7.3 实验步骤

实验具体按照以下步骤开展。

第一，从牛奶中分离乳脂、奶油。取 50mL 新鲜牛奶，在离心机上以 3500r/min 离心 5min，取出离心管后，小心地将乳脂层与脱脂乳分离。将乳脂层冻结，然后回放到室温下，重新融化前快速搅动使脂肪球膜破裂，脂肪球膜蛋白变性，倾出释放出的少量水后，继续搅动形成油包水型的奶油。称量后计算得率。

第二，从牛奶中分离酪蛋白。将脱脂乳在恒温水浴中加热至 40℃，一边搅拌一边缓慢加入 10% 醋酸溶液，使牛奶 pH 达到 4.6，冷却。澄清后，用尼龙布过滤或直接用玻璃棒挑出酪蛋白粗品［滤液（乳清）用于分离乳糖］。将酪蛋白粗品转入另一烧杯，加 20mL 蒸馏水，用玻璃棒充分搅拌，洗涤除去其中的水溶性杂质（如乳清蛋白、乳糖以及残留的溶液），离心后弃去上层清液；加 15mL 乙醇，洗涤除去其中的磷脂，离心后弃去上层清液；加 15mL 乙醚，洗涤除去其中的脂肪，离心后弃去上层清液。待酪蛋白干燥后称其重量，计算酪蛋白的得率。

第三，从牛奶中分离乳糖。向除去酪蛋白的乳清内加入 5g 左右的碳酸钙粉末，用玻璃棒搅拌至均匀，加热煮沸。随后过滤掉沉淀物，并在滤液中投入一两粒沸石，再次加热后浓缩至 10mL，之后在避开火焰的前提下向内加入 20mL 95% 浓度的乙醇与少许活性炭。搅拌均匀之后再用水浴法加热使之沸腾，随即迅速过滤得到澄清的滤液。用塞子塞紧后静置一夜，第二天乳糖结晶即析出，随即抽滤，用 95% 乙醇洗涤产品。干燥后称其重量，计算乳糖的得率。

第四，酸沉酪蛋白和其溶解性及初步鉴定。可通过三种方式进行。其一，溶解性测定。取 6 支试管，分别加入水、10% 氯化钠溶液、0.5% 碳酸钠溶液、0.1mol/L 氢氧化钠溶液、0.2% 盐酸溶液及饱和氢氧化钙溶液各 2mL，再于每管中加入少量酪蛋白，不断摇荡，观察记录各管中酪蛋白溶解的难易情况。其二，米伦反应测定。取酪蛋白少许，放置于试管中，加入 1mL 蒸馏水，再加入米伦试剂 10 滴，振摇并缓慢加热，观察其颜色变化。其三，含硫测定。取少许酪蛋白溶于 1mL 0.1mol/L 氢氧化钠溶液中，再加入 1～3 滴 5% 醋酸铅溶液，加热煮沸，溶液变为黑色。

思考题：

①牛奶能够为人体提供能量的营养物质有哪些？

②什么是蛋白质的等电点？蛋白质在等电点具有哪些特殊的性质？

③实验中乳糖结晶的原理是什么？

3　碳水化合物

对食品中碳水化合物的测定主要有还原糖测定、淀粉测定、果胶测定等内容，以下主要围绕这些方面进行实验。

3.1　食品中还原糖的测定

糖类是食物中重要的供能营养素，可被人体消化的淀粉、单糖、双糖等是食物中的主要热能来源。不能被人体消化吸收的某些多糖，其可能的营养保健功能也日益受到人们的重视。例如，低聚异麦芽糖、低聚木糖、低聚果糖等能促进人体内双歧杆菌增殖，有利于肠道微生态平衡；又如，膳食纤维（包括半纤维素、果胶、无定形结构的纤维素和一些亲水性的多糖胶）可促进肠的蠕动，改善便秘，预防肠癌、糖尿病、肥胖症等。单、双糖在食品加工中的作用是显而易见的，如作为甜味剂、形成食品的色泽等；多糖的增稠作用在日常烹饪中也有应用；糖类的衍生物在功能性食品中的应用也日益广泛。总而言之，糖类不仅为人类提供生命活动的能量，在食品加工中对食品的口味、质地、风味及加工特性也有很大贡献。

还原糖是指含有自由基醛基或酮基、具有还原性的糖类。单糖都是还原糖，不具还原性的部分双糖或多糖经酸水解后可彻底分解为具有还原性的单糖。多糖经酸水解时，一分子单糖残基结合一分子水，生成一分子还原性单糖，用此方法可测定出多糖水解后生成还原糖的量（在计算中需要扣除加入的水量），测定所得的总还原糖的量乘以 0.9 即为实际的总糖量。

3.1.1　实验原理

实验按照《食品安全国家标准　食品中还原糖的测定》（GB 5009.7—2016）

中的标准执行。试样除去蛋白质后,其中的还原糖把铜盐还原为氧化亚铜,加硫酸铁后,氧化亚铜被氧化为铜盐,以高锰酸钾溶液滴定还原作用后生成的亚铁盐。因而,可以根据高锰酸钾消耗量,计算氧化亚铜含量,进而确定还原糖的含量。❶

3.1.2 试剂与器材

实验使用试剂主要有 0.1mol/L 高锰酸钾标准溶液、40g/L 氢氧化钠溶液、3mol/L 盐酸,以及以下需制备的试剂。

①碱性酒石酸铜甲液(A 液):称取 34.639g 五水硫酸铜晶体(CuSO₄·5H₂O),加适量水溶解,加 0.5mL 硫酸,再加水稀释至 500mL,用精制石棉过滤。

②碱性酒石酸铜乙液(B 液):称取 173g 酒石酸钾钠与 50g 氢氧化钠,加适量水溶解,并稀释至 500mL,用精制石棉过滤,贮存于橡胶塞玻璃瓶内。

③精制石棉:取石棉,先用 3mol/L 盐酸浸泡 2 ~ 3d,用水洗净,再加40g/L 氢氧化钠溶液浸泡 2 ~ 3d,倾去溶液。用热碱性酒石酸铜乙液浸泡数小时,用水洗净,再以 3mol/L 盐酸浸泡数小时,以水洗至不呈酸性。然后加水振摇,使其成细微的浆状软纤维,用水浸泡并贮存于玻璃瓶中,即可用来填充古氏坩埚。

④硫酸铁溶液:称取 50g 硫酸铁,加入 200mL 水,溶解后,慢慢加入100mL 硫酸,冷后加水稀释至 1000mL。

实验使用的仪器有 25mL 古氏坩埚或 G4 垂熔坩埚、真空泵或水泵、电子天平。

实验样材可选用可乐类饮料及深色果酱、酱醋等调味品。

3.1.3 实验步骤

实验按照以下步骤开展。

第一,样品处理。对于不同类型的样品,其处理方法如下。

①乳糖(包括乳制品及含蛋白质的冷食类)样品的处理。样品称样 2 ~ 5g

---

❶ 敬思群 . 食品科学实验技术 [M]. 西安:西安交通大学出版社,2012:359.

（或液体样 25 ～ 50mL）并置于 250mL 容量瓶中，加入水 50mL、A 液 10mL、40g/L 氢氧化钠 4mL，定容，静置 30s 后过滤，弃去初液。

②酒精性饮料的处理。取样品 100mL 于蒸发皿中，用 40g/L 氢氧化钠溶液中和至中性，沸水浴蒸至原体积 1/4 后转入 250mL 容量瓶，加 50mL 水摇匀，再加 A 液 10mL、40g/L 氢氧化钠 4mL，再加水至刻度，静置 30s 后过滤。

③含多量淀粉食品的处理。取样品 10 ～ 20g 置于 250mL 容量瓶中，加水 200mL，45℃ 水浴加热 1h，期间不停摇动；冷后加水至刻度，静置后吸出清液 200mL 于另一容量瓶（250mL）中，再加 A 液 10mL、40g/L 氢氧化钠 4mL，静置 30s 后过滤。

④碳酸饮料的处理。除去样品中的二氧化碳后，吸样液 100mL 于 250mL 容量瓶中，加水至刻度，混匀备用。

第二，样品测定。吸取碱性酒石酸铜甲液、乙液各 5mL 于加入试样溶液的锥形瓶中，加热至沸腾，保持沸腾 1min 后进行抽滤，再用 60℃ 水洗涤烧杯和沉淀直至洗液不呈碱性；将抽滤的纸（或者石棉）及氧化亚铜转入原烧杯，再用 25mL 硫酸铁溶液冲洗抽滤瓶，并将冲洗液全部合并入原烧杯中，随后加水 25mL 使氧化亚铜溶解，用高锰酸钾滴定；快到终点时，再滴加一滴指示剂继续滴定，直到溶液由褐色变为绿色。

3.1.4　结果计算

上述实验的结果按照以下公式进行计算：

$$X = \frac{c \times (V - V_0) \times \frac{5}{2} \times 143.08}{1000 \times 1000} \qquad (2\text{-}3\text{-}1)$$

$$还原糖含量（\%）= \frac{A \times 100}{m \times \frac{V_2}{V_1} \times 1000} \qquad (2\text{-}3\text{-}2)$$

式中，X 为相当于样品中还原糖质量的氧化亚铜的质量（mg）；V 为测定样液所消耗的高锰酸钾标准溶液的体积（mL）；V_0 为空白试剂所消耗的高锰酸钾标准溶液的体积（mL）；A 为由氧化亚铜的质量得出的还原糖的质量（mg）；m 为样品质量（g）；V_1 为样品处理后的总体积（mL）；V_2 为测定用样品溶液的体积（mL）；c 为高锰酸钾标准溶液的浓度（mol/L）。

思考题:

①若使用检索表［相当于氧化亚铜质量的葡萄糖、果糖、乳糖、转化糖质量表（mg）］提供的数据通过氧化亚铜的质量来确定还原糖的含量时，实验中需注意哪些问题？

②抽滤时为什么要在保持热水层有一定液层厚度的条件下进行？

3.2　淀粉的糊化和老化

加热淀粉粒会使其在水中溶胀，进而变化成均匀的糊状溶液，这就是淀粉的糊化。糊化产生的本质是淀粉分子之间的氢键因加热断裂，分子分散于水中。淀粉糊化后就是 α- 淀粉，此时若将刚制成的糊化淀粉脱水干燥，就可以获得分布在水中的无定形粉末，也就是可溶性 α- 淀粉。此后待该淀粉溶液逐渐冷却，一段时间后就会有不透明乃至沉淀现象产生，此即淀粉的老化。其本质是糊化的淀粉分子在此期间主动有序排列起来，恢复了淀粉分子间的氢键。因此，老化可视为糊化作用的逆转，但是老化不能使淀粉彻底复原成生淀粉（ β- 淀粉）的结构状态，与生淀粉相比，老化淀粉的晶化程度低，不易被淀粉酶分解。

淀粉能被消化道内的淀粉酶分解成葡萄糖而被吸收，糊化后的淀粉更易于消化，因而日常生活中人们食用的食物多为熟食。不少食品会因为长时间的储存而品质下降，生活中常见的如米汤黏度下降、面包陈化等，这些现象背后的原因都是淀粉的老化。糊化淀粉若是处于多种糖分和糖醇存在的环境，则很难发生老化，因为其能阻止淀粉分子链的缔合。这一类化合物能阻止淀粉老化，原因在于其能深入淀粉分子的末端链之间，阻止淀粉分子缔合，且自身拥有强大的吸水性，能轻易地夺走淀粉凝胶中的水分，从而稳定溶胀的淀粉的状态。表面活性剂或具备表面活性的极性脂被添加到面包等食品中，能有效延长其货架期。这是因为直链淀粉的疏水螺旋结构能够与极性脂分子的疏水部分产生反应，从而形成新的配合物，影响淀粉糊化状态，阻碍淀粉分子重新排列，最终延缓淀粉的老化。

糊化与老化在食品加工中也有多方面的应用。方便即食型食品大多富含淀粉，而这类食品的加工原理就是将刚糊化的淀粉迅速脱水至 10% 以下，使淀粉被固定在糊化状态，避免老化，且易复水。方便面的生产过程是将原料和成面团，经压延、切条、折花后蒸熟，然后通过热风干燥或油炸迅速去水，冷却后形成成品。其中蒸煮的目的就是使淀粉糊化，糊化的程度越高，复水的性能越好。蒸煮过程中淀粉充分吸水，晶体结构充分解体，再通过快速脱水控制其老化，这就是通过控制淀粉的糊化和老化生产方便面的原理。与之相似的还有脱水米饭的生产，在加工过程中，主要是通过高温热风干燥控制淀粉的老化。

3.2.1　实验原理

淀粉在水中受热糊化时会发生颗粒膨胀、黏度上升等各种质变。通常以淀粉酶的分解性变化为指标反映淀粉的糊化程度。本实验采用对生淀粉完全不分解的 $\beta-$ 淀粉酶和对支链淀粉的立体结构变化十分敏感的异淀粉酶的混合酶系来测定糊化淀粉和老化淀粉的程度，从而了解淀粉性食品在贮藏中的老化程度。

3.2.2　试剂与材料

本实验使用的试剂主要为酶试剂，包括大豆 $\beta-$ 淀粉酶（粗酶制剂，5IU/mg）、雪白根霉糖化酶（22IU/mg）、黑曲霉糖化酶（液状，3800IU/mg）、异淀粉酶（粗制品，2IU/mg）。对酶进行失活处理的方法：将酶置于沸水浴中保温10min。

实验使用的材料有玉米淀粉与大豆淀粉。

3.2.3　实验步骤

在实验开始前要先明确：反应生成的还原糖用苏木杰——纳尔逊法或其他方法测定，总糖量用苯酚——硫酸法或斐林法测定。糖化酶和 $\beta-$ 淀粉酶以2%可溶性淀粉（pH 4.8和6.0）为底物。异淀粉酶以2%支链淀粉液（pH 6.0）为底物，于40℃下反应。实验按照以下步骤开展。

第一，配置底物。将5%玉米淀粉和大豆淀粉的悬浮液置于沸水浴中预先糊化10min后，于121℃加压蒸煮15min，得到完全糊化、分散的样品。将上述糊化液分别在室温冷藏库（5℃）和冷冻库（-20℃）中老化作为老化淀粉的试样。另外，在以上两种样品中各加入三倍量的无水酒精进行脱水（此操作重复三次），最后用丙酮脱水制成干燥样品。

　　第二，设定酶溶液和反应条件。将 170mg 异淀粉酶、17mg β- 淀粉酶溶解于 100mL 0.8mol/L 醋酸缓冲液中（pH 6），滤去不溶部分。滤液每毫升含异淀粉酶 3.4IU、β- 淀粉酶 0.8IU。完全糊化样品：将脱水的糊化老化淀粉用 10mol/L 氢氧化钠处理，使其全完糊化，供测定用。

　　第三，进行测定。将 80mg 脱水粉末样品（若是淀粉糊样品，则取相当于 80mg 淀粉的量）置于玻璃均化器内，加入 8mL 水进行分散。取 2 只 25mL 容量瓶，分别加入 2mL 均匀样品。其中一只用 0.8mol/L 醋酸缓冲液（pH 6）定容，作为试料样品。另一只容量瓶中加入 0.2mL 10mol/L 氢氧化钠溶液，在 50℃ 水浴中保温 5min，使淀粉完全糊化，再加 1mL 2mol/L 醋酸，使溶液的 pH 为 6，然后用 0.8mol/L 醋酸缓冲溶液定容至 25mL，作为完全糊化样品。取供试样品 4mL，加入 1mL β- 淀粉酶 — 异淀粉酶混合液，置于 40℃ 恒温槽中振荡反应 30min，同时另取一组供试样品加入 1mL 失活的酶液，在同一条件下反应，作为空白对照组。反应结束后，取 1mL 反应液置于沸水浴中 5min，使酶失活，再稀释 5 倍。取 1mL 稀释液用苏木杰 — 纳尔逊法测定还原糖生成量，取 0.5mL 用苯酚 — 硫酸法测定总糖量。

　　第四，糊化度、老化度的表示。糊化度以完全糊化样品的分解度为 100 时，被检测溶液的分解度除以 100 来表示。老化度以糊化度的减少来表示。

3.2.4　结果计算

$$糊化度（\%）=\frac{(A-a)/2B}{(A_1-a)/2B_1}\times100 \qquad （2\text{-}3\text{-}3）$$

　　式中，A 为未糊化样品还原糖生成量（μg）；A_1 为糊化样品还原糖生成量（μg）；B 为未糊化样品的总糖量（μg）；B_1 为糊化样品的总糖量（μg）；a 为空白对照数（μg）。

思考题：

①淀粉糊化与老化的本质区别是什么？
②原淀粉和变性淀粉的糊化性质和老化性质有什么不同？

3.3 橘皮果胶的提取

果胶为白色或淡黄褐色粉末，溶于水或呈黏稠状液体，对石蕊试纸呈酸性，果胶与糖、有机酸一起煮，可形成弹性胶冻，基于此特性，果胶常用于食品工业制造果酱、果冻、糖果、冰激凌、雪糕等。在医药工业中，果胶可用作胃肠出血的止血剂。低甲氧基果胶能与金属离子形成不溶于水的化合物，是铅、汞、钴等金属的良好解毒剂和预防剂。原果胶用稀酸处理或与果胶酶作用时可转化为可溶性果胶。可溶性果胶的基本结构是多聚半乳糖醛酸，其中部分羧基被甲醇酯化为甲氧基。一般植物中的果胶甲氧基含量占全部多聚半乳糖醛酸结构中可被酯化的羧基的 7% ~ 14%，甲氧基含量高于 7% 的果胶称为高甲氧基果胶，即普通果胶；甲氧基含量低于 7% 的果胶，几乎无胶凝力，但在多价离子如钙、镁、铝等离子存在时可生成胶冻。果胶主要存在于柑橘的中果皮（白皮）中。提取果胶前应先提取柑橘精油和柑橘皮色素，这样既可使柑橘皮得到充分利用，也可避免精油和色素给果胶提取带来不必要的麻烦。果胶的提取通常采用酸解 — 醇沉法。

3.3.1 实验原理

果胶的基本结构是以 α-1, 4 糖苷键连接的聚半乳糖醛酸，其中部分羧基被甲基化，其余的羧基与钾、钠、钙离子结合成盐，果胶多数以原果胶存在，原果胶不溶于水，故用酸水解能生成可溶性的果胶。从柑橘皮中提取的果胶是高酯化度的果胶，酯化度在 70% 以上。

3.3.2 试剂与器材

实验使用到的试剂主要有 0.25% 盐酸、95% 乙醇、稀氨水，试剂均为分析纯。实验需要用到的仪器有分析天平（精度 0.0001g）、玻璃漏斗、真空干燥箱等。实验采用的试样为新鲜的柑橘皮。

3.3.3 实验步骤

实验按照以下步骤开展。

第一，对原料进行预处理。称取新鲜柑橘皮 20g 用清水洗净后，放入 250mL 烧杯中加水 120mL，加热至 90℃ 保持 5 ~ 10min，使酶失活。用水冲洗后切成 3 ~ 5mm 大小的颗粒，用 50℃ 左右的热水漂洗，直至水无色、果皮无异味为止。每次漂洗必须把果皮用尼龙布挤干，再进行下一次漂洗。

第二，酸水解。将预处理过的果皮粒放入烧杯中，加入约 0.25% 的盐酸 60mL，以浸没果皮为宜，pH 调整在 2 ~ 2.5，加热至 90℃ 煮 45min，趁热用尼龙布（100 目）或四层纱布过滤。

第三，脱色。在滤液中加入 0.5% ~ 1% 的活性炭，于 80℃ 加热 20min 进行脱色和除异味，趁热抽滤，如抽滤困难可加入 2% ~ 4% 的硅藻土作为助滤剂。如果柑橘皮漂洗干净，提取液清澈透明，则不用脱色。

第四，沉淀。待提取液冷却后，用稀氨水调节 pH 为 3 ~ 4，在不断搅拌下加入 95% 乙醇，加入乙醇的量约为原体积的 1.3 倍，使乙醇浓度达 50% ~ 60%，静置 10min。

第五，过滤、洗涤、烘干。用尼龙布过滤，果胶用 95% 乙醇洗涤 2 次，再于 60 ~ 70℃ 烘干至恒重。烘干后即为果胶质量，可计算试样中果胶的含量。

思考题：

①为何要用碱液调整滤液的 pH？
②除果胶之外橘皮中还含有哪些天然物质？应如何提取分离？
③还有哪些方法可以用来提取果胶？

3.4 高甲氧基果胶酯化度的测定

果胶因有良好的增稠、胶凝作用，已经被广泛应用于食品、医药等许多行业。根据果胶分子链中半乳糖醛酸甲酯化比例的高低，可将果胶划分为低甲氧基果胶（甲氧基含量小于 7%）和高甲氧基果胶（甲氧基含量大于 7%）。由于分子结构上的差异，两类果胶的性质、凝胶机理差异很大，因此具体使用方法也不一样。果胶的酯化度不同，其形成凝胶的机制也会有所不同。例如，要想使高甲氧基果胶形成凝胶，必须处于高糖浓度和低 pH 中，通常需要果胶的含量低于 1%，蔗糖浓度维持在 58% ~ 75% 的范围，pH 2.8 ~ 3.5。这是因为 pH 2 ~ 3.5 的时候能够阻止羧基离解，从而令高度水合作用于带电的羧基变成不带电荷的分子，减少分子对其他分子的排斥力，降低分子的水合作用，促进分子的结合与三维网络结构的形成。若是蔗糖的浓度达到了 58% ~ 75%，糖对于水分子的争夺会导致中性果胶分子溶剂化的程度显著下降，从而促进分子氢键和凝胶的形成。

3.4.1　实验原理

高甲氧基果胶中一半以上的羧基发生甲酯化（以 —COOCH$_3$ 形式存在），剩余羧基以游离酸（—COOH）及盐（—COO−Na$^+$）的形式存在。首先将盐形式的 —COO−Na$^+$ 转换成游离羧基，用碱溶液滴定计算出果胶中游离羧基的含量，即为果胶的原始滴定度。然后加入过量碱将果胶皂化，将果胶分子中的 —COOCH$_3$ 转换成 —COOH，可测得甲酯化的羧基的量。最后，由游离羧基及甲酯化羧基的量可计算果胶的酯化度。

3.4.2　试剂与器材

实验使用到的试剂有 60% 异丙醇、无水乙醇、0.02mol/L 和 0.5mol/L 氢氧化钠标准溶液、0.5mol/L 盐酸标准溶液、1% 酚酞乙醇溶液、硝酸银溶液。实验需要的仪器有天平、锥形瓶、滴定管、烧杯、砂芯漏斗、烘箱。

3.4.3　实验步骤

实验按照以下步骤开展。

第一，样品处理。准确称取 0.5g 高甲氧基果胶于烧杯中，加入一定量的混合试剂，不断搅拌 10min，移入砂芯漏斗中，用 6 份混合试剂洗涤，每次 15mL 左右，而后以 60% 异丙醇洗涤样品，至滤液不含氯化物（可用硝酸银溶液检验）为止。最后，用 20mL 60% 异丙醇洗涤，移入 105℃ 烘箱中干燥 1h，冷却后称重。

第二，进行测定。称取 1/10 经冷却的样品，移入 250mL 锥形瓶中，用 2mL 乙醇湿润，加入 100mL 不含二氧化碳的水，用瓶塞塞紧，不断转动，使样品溶解。加入 2 滴酚酞指示剂，用 0.02mol/L 氢氧化钠标准溶液滴定，记录所消耗氢氧化钠的体积，即为原始滴定度。向样液中继续加入 20mL 0.5mol/L 氢氧化钠标准溶液，加塞后剧烈振摇 15min，加入 20mL 0.5mol/L 盐酸标准溶液（等物质的量），振摇至粉红色消失为止，然后加入 3 滴酚酞指示剂，用 0.02mol/L 氢氧化钠标准液滴定至微红色。记录消耗的氢氧化钠标准溶液的体积，即为皂化滴定度。

3.4.4　结果计算

按照以下公式计算高甲氧基果胶的酯化度：

$$高甲氧基果胶的酯化度（\%）= \frac{V_2}{V_1 + V_2} \times 100 \qquad (2\text{-}3\text{-}4)$$

式中，V_1 为样品溶液的原始滴定度（mL）；V_2 为样品溶液的皂化滴定度（mL）。

思考题：

①如果酸碱标准溶液的浓度差异较大，如何处理？
②高甲氧基果胶和低甲氧基果胶在结构上有何差异？

4　脂质

对于脂质的测定，通常包括对食品中粗脂肪的测定、卵磷脂的测定分析、油脂的测定分析等内容，以下将分别开展实验进行讲解。

4.1　食品中粗脂肪的测定（索氏抽提法）

4.1.1　实验原理

本实验根据《食品安全国家标准　食品中脂肪的测定》（GB 5009.6—2016）的标准执行。利用有机溶剂提取样品中的脂肪，蒸发溶剂后得到的剩余物即为脂肪，但除脂肪外，还含有色素、蜡质、挥发油、磷脂等，所以又称为粗脂肪。本实验采用索氏抽提法测定食品中的粗脂肪。试样用无水乙醚或石油醚等溶剂抽提后得到的脂肪即为游离粗脂肪。

4.1.2　试剂与器材

实验使用的试剂有无水乙醚或石油醚、海砂。实验使用的仪器有分析天平、电热恒温箱、电热恒温水浴锅、粉碎机、研钵、备有变色硅胶的干燥器、广口瓶、脱脂棉、滤纸筒与索氏抽提器。实验选用的材料有谷物、豆类、肉制品等。

4.1.3　实验步骤

实验按照以下步骤开展。

第一，样品处理。精确称取充分研磨的干燥样品 2～5g，在 105℃ 烘箱中烘干，置于已称重的滤纸筒内（半固体或液体样品取 5～10g）。于蒸发皿中，加入海砂 20g，于水浴上蒸干，在 100～150℃ 下烘干，研细，全部移入滤纸筒内，蒸发皿及附有样品的玻璃棒用蘸有乙醚的棉花擦净，棉花也放进滤纸筒内。

第二，进行抽提。仔细地封好滤纸筒后，将其放入索氏抽提器的抽提筒内，此时，滤纸纸筒的高度应该比虹吸管上端弯曲的部位更低。随后连接已经恒重的蒸发烧瓶，在其中加入无水乙醚或石油醚，加至 2/3 处即停止，随后用水浴法加热，待其内乙醚或是石油醚回流时再小心调节加热温度，令虹吸回流的速度始终保持在每小时 6 ～ 8 次，通常整个过程维持 6 ～ 12h。在此期间，若是醚相挥发量超出估算，可以通过冷凝管向内补充。

第三，称重测定。取下接收瓶，回收乙醚或石油醚，待接收瓶内乙醚剩余 1 ～ 2mL 时在水浴上蒸干，再于 100 ～ 105℃ 下干燥 2h，取出置于干燥器中冷却 30min，称量提取瓶及内容物总质量，增加的质量即为脂肪的质量。

4.1.4　结果计算

$$粗脂肪含量（\%）=\frac{w_1-w_2}{w}\times100 \qquad (2\text{-}4\text{-}1)$$

式中，w 为样品质量（g）；w_1 为接收瓶和脂肪质量（g）；w_2 为接收瓶质量（g）。

思考题：

①粗脂肪与脂肪两者之间有何区别？
②实验过程中的待测粗脂肪试样为什么需要保持干燥？

4.2　卵磷脂的提取、鉴定及乳化特性

4.2.1　实验原理

卵磷脂是一种在动植物中分布很广的磷脂。它在细胞之中往往与蛋白质结合成不稳定化合物或是以游离态的形式存在，不溶于丙酮，易溶解在乙醇、乙醚等有机溶剂中。本实验借助乙醇来提取蛋黄中的卵磷脂。纯卵磷脂呈现白色、蜡质，与空气接触后会在短时间内因其内的不饱和脂肪酸被氧化而变成黄棕色，同

时粗制品由于存在色素所以呈现出淡黄色。此外，卵磷脂中的胆碱基会因为碱性条件分解为有特殊鱼腥味的三甲胺，因此可以轻易鉴别出卵磷脂。

4.2.2 试剂与器材

实验需要的试剂有 95% 乙醇、10% 氢氧化钠溶液。实验选用的样品有鸡蛋、花生油。实验所需仪器包括电热恒温水浴锅、磁力搅拌器、高速电动搅拌机、摄像显微系统（由计算机、摄像头、显微镜、摄像控制软件组成）。

4.2.3 实验步骤

4.2.3.1 卵磷脂的提取

选取新鲜鸡蛋一个，分离蛋清与蛋黄，将蛋黄置于小烧杯内捣烂，一边搅拌一边加入 50℃ 95% 乙醇 60mL，保温提取 5min，冷却过滤，将滤液移入瓷蒸发皿中水浴蒸干，残留物即为卵磷脂。

4.2.3.2 卵磷脂的鉴定

鉴定卵磷脂可使用以下两种方法。

第一，三甲胺试验。取少量本实验提取的卵磷脂于试管内，加入 2mL 10% 氢氧化钠溶液，混匀，水浴加热，嗅之是否产生鱼腥味。

第二，丙酮溶解试验。加入约 5mL 丙酮于装有卵磷脂提取物的瓷蒸发皿中，不断用玻璃棒搅拌，观察其在丙酮中的溶解情况。

4.2.3.3 乳化试验

乳化试验一共有三个步骤。第一步是制备好乳化液；第二步是借助实验室的显微摄像系统观察油脂的乳化效果，并分别拍摄乳化液和非乳化液的状态；第三步则是基于油脂在水相中的分散情况对试验效果进行合理评价。下列是乳化试验的具体操作。

①将显微镜水平放置，随后调节好照明光源，装备上适用的目镜，并旋上相匹配的低倍物镜。

②将少许乳化液用点滴管小心地滴在载玻片上，随后将其上有样品的载玻片小心地安放在光学显微镜物台上，利用固定夹固定好后缓缓移动标本移动器，使

聚光器之上的透镜中心对准要观察的部分。

③自上而下调整显微镜的粗调旋钮，令物镜的镜面移动到离标本片最低的地方，但绝不能与载玻片接触，以避免镜头和标本被损毁。

④调整好后用眼睛透过目镜观察，双手缓慢向上调整粗调旋钮至最终视野中出现被检物的清晰形象。

⑤小心移动载玻片标本，在显微镜下寻找被检物有代表性的点，并将其放置在视野的中心位置，同时来回调整微调旋钮，直至被检物影像达到最清晰的程度。

⑥于摄像连接管中放入摄像头，轻轻拉开其摄像光路开关，随即通过计算机摄像软件应用程序，点进其中的"USB2.0相机"菜单，点击页面上的"连接"按钮，并调整显微镜的微调旋钮，直至在视屏中清晰看到需要检测的图像，然后点击页面上的"捉捕图像键"，拍摄下清晰的图像后再保存。随后即可以点击"视屏键"，观察已拍摄图像的状态。确认无误后再对其他图像进行摄像。

⑦图像拍摄完成后，对摄像图上物体的大小进行测量。首先，进入计算机上的DN-2应用软件，将摄像所得的全部图片文件调出，之后再点开"测量菜单"，从中选取"线测量"键，鼠标从测定物的起点拉动测量连线，连接到测定物的终点，然后计算机即可在屏幕上显示物体的相关长度值，随后再点击"融合"键，就能将这些数值一一标注在图片各处，最后点击保存测量结果。

思考题：

①向卵磷脂粗品添加丙酮的作用是什么？可去除何种杂质？
②乳化过程要形成稳定的乳浊液，可采用什么仪器和方法实现？
③使用生物显微镜的操作要点是什么？

4.3　油脂的酸价、过氧化值、碘值的测定

4.3.1　油脂酸价的测定

4.3.1.1　实验原理

实验根据《食品安全国家标准　食品中酸价的测定》（GB 5009.229—2016）的

标准执行。油脂可以用酸价显示其酸败程度。所谓的酸价是指中和 1g 油脂中的游离脂肪酸所必需的氢氧化钾的质量。其原理是油脂中的游离脂肪酸会与氢氧化钾产生中和反应，从而能基于氢氧化钾标准溶液在反应中消耗的量来计算游离脂肪酸的量。

4.3.1.2　试剂与器材

实验需要的试剂有 0.1mol/L 氢氧化钾标准溶液、1% 酚酞指示剂，以及乙醇、乙醚按 1∶2 混合制成的中性乙醇 — 乙醚混合液。实验使用的仪器主要有锥形瓶、滴定管。

4.3.1.3　实验步骤

精确称取 3～5g 样品，置于锥形瓶中，加入 50mL 乙醇 — 乙醚中性混合液，振摇促使样品溶解，以 1% 酚酞作为指示剂，用 0.1mol/L 的氢氧化钾标准溶液滴至微红色，且于 30s 内不褪色。

4.3.1.4　结果计算

实验结果按下式计算：

$$酸价 = \frac{cV \times 56.11}{m} \tag{2-4-2}$$

式中，V 为样品消耗氢氧化钾标准溶液的体积（mL）；c 为氢氧化钾标准溶液的浓度（mol/L）；m 为样品质量（g）；56.11 为 1mL 1mol/L 氢氧化钾溶液相当于氢氧化钾的质量（mg）。

思考题：

①油脂酸败的原因是什么？
②食品中可能导致油脂酸价升高的因素有哪些？

4.3.2　油脂过氧化值的测定

过氧化值是表示油脂和脂肪酸等被氧化程度的一种指标，是 1kg 样品中的活性氧含量，以过氧化物的毫摩尔数表示，用于说明样品是否因被氧化而变质。那些以油脂、脂肪为原料制作的食品，可通过检测其过氧化值来判断其质量和变质程度。油脂氧化后生成的过氧化物、醛、酮等氧化能力较强，能将碘化钾氧化成游离碘，而碘可用硫代硫酸钠来滴定。

过氧化值可用于衡量油脂酸败程度，一般来说，过氧化值越高其酸败就越严重。因为油脂氧化酸败产生的一些小分子物质会对人体产生不良的影响，如产生自由基，所以过氧化值太高的油对身体不好。

4.3.2.1 实验原理

根据《食品安全国家标准 食品中过氧化值的测定》（GB 5009.227—2023）的标准执行。油脂中过氧化物的总含量就是过氧化值。油脂中的不饱和脂肪酸遇到空气中的氧发生氧化反应，会产生过氧化物。在氧化过程中，油脂产生了过氧化物，继而在酸性环境之中和碘化钾反应，使其中的碘被析出。因此，可以借助硫代硫酸钠标准溶液滴定计算出过氧化物的含量。

4.3.2.2 试剂与器材

实验需要的试剂有饱和碘化钾溶液、三氯甲烷 — 冰醋酸混合液、0.002mol/L硫代硫酸钠标准溶液、1% 淀粉指示剂。实验使用到的仪器有碘量瓶、滴定管。

4.3.2.3 实验步骤

精确称取 2～3g 混匀样品（必要时过滤），置于 250mL 碘量瓶中，加30mL 三氯甲烷 — 冰醋酸混合液，溶解样品。加入 1mL 饱和碘化钾溶液，立即加塞摇匀，放至暗处 5min。于碘量瓶中加水 100mL，以 0.002mol/L 硫代硫酸钠标准溶液滴定，至淡黄色时加入 1mL 淀粉指示剂，继续滴定到蓝色消失为终点。同时做一空白实验。

4.3.2.4 结果计算

实验结果按照以下公式计算：

$$过氧化值（\%）=\frac{(V_1-V_2)\times c\times 0.1269}{m}\times 100 \qquad （2\text{-}4\text{-}3）$$

式中，V_1 为滴定样品消耗硫代硫酸钠标准溶液的体积（mL）；V_2 为滴定空白组消耗硫代硫酸钠标准溶液的体积（mL）；c 为硫代硫酸钠标准溶液的浓度（mol/L）；m 为样品质量（g）；0.1269 为与 1mL 硫代硫酸钠标准溶液相当的碘的质量（g）。

思考题：

①测定过氧化值有何意义？

②食用油过氧化对人体健康的潜在影响有哪些？

③加入碘化钾后需要暗培养几分钟？有何作用？

4.3.3　油脂碘值的测定

4.3.3.1　实验原理

实验按照《动植物油脂　碘值的测定》（GB/T 5532—2022）的标准执行。碘和脂肪酸的不饱和键加成反应缓慢，根据这一原理，利用在酸性环境中溴化碘与不饱和脂肪酸发生加成反应，可以对游离的碘使用标准硫代硫酸钠溶液滴定，进而根据消耗硫代硫酸钠的量计算出碘值。❶

4.3.3.2　试剂与器材

实验使用的试剂有溴化碘醋酸溶液、0.1mol/L 硫代硫酸钠标准溶液、15% 碘化钾溶液、三氯甲烷、0.5% 淀粉指示剂。实验使用的仪器有碘量瓶、滴定管。

4.3.3.3　实验步骤

油脂碘值测定实验的步骤如下。

第一，准确称量 0.5g 油类，将其倒入 250mL 碘量瓶中，随后加入 10mL 三氯甲烷，轻轻摇动瓶身使其溶解。

第二，向瓶中倒入 25mL 溴化碘醋酸溶液，若此时瓶中溴化碘醋酸溶液全部褪色，则需要继续向内加入该溶液，一直到其不完全褪色为止。要注意，不能将倒入的溴化碘醋酸溶液沾到瓶子内壁上。盖上盖子后摇晃均匀，置于避光处30min。

第三，发生反应后，向其内加入 10mL 15% 碘化钾溶液，在充分摇晃均匀

---

❶　徐玮，汪东风 . 食品化学实验和习题 [M]. 北京：化学工业出版社，2008：25.

后，加入 100mL 煮沸后又冷却至室温的蒸馏水。此时若内壁上还有碘液，可以用此水轻轻冲洗，并立刻用 0.1mol/L 硫代硫酸钠溶液滴定。滴定时要遵循先快后慢的原则，等到颜色变浅时缓慢滴定，直至变为黄色，随后向其内倒入 2mL 淀粉指示剂，一直滴定到蓝色消失时结束，快要结束时用力摇晃瓶身，以促进溶于三氯甲烷的碘与硫代硫酸钠发生反应。同时，进行空白实验，除加入油脂样品这一步外，其余操作完全复刻上述内容。

4.3.3.4　结果计算

根据空白实验所需体积减去油脂样品所需硫代硫酸钠的体积，即可计算样品碘值，计算公式如下：

$$碘值（\%）=\frac{c \times (V_1 - V_2) \times 0.1269}{m} \times 100 \qquad (2\text{-}4\text{-}4)$$

式中，c 为标准硫代硫酸钠溶液的浓度（mol/L）；V_1 为滴定空白消耗硫代硫酸钠溶液的用量（mL）；V_2 为滴定样品消耗硫代硫酸钠溶液的用量（mL）；m 为样品质量（g）；0.1269 为与 1mL 1mol/L 的硫代硫酸钠溶液相当的碘的质量（g）。

思考题：

①何谓碘值？测定碘值有何意义？
②滴定过程中，淀粉溶液为何不能过早加入？
③滴定完毕放置一些时间后，溶液应返回蓝色，否则表示滴定过量，为什么？

5 维生素和矿物质

对维生素和矿物质的测定，常见的实验有维生素 C 含量的测定、灰分的测定、铁的测定、钙的测定、铅的测定等，以下将逐项开展相应实验。

5.1 食品中维生素 C 的含量测定

5.1.1 实验原理

用蓝色的碱性染料 2,6- 二氯靛酚标准溶液对含维生素 C 的试样的酸性浸出液进行氧化还原滴定，2,6- 二氯靛酚被还原为无色，当达到滴定终点时，多余的 2,6- 二氯靛酚在酸性介质中为浅红色，可根据 2,6- 二氯靛酚的消耗量计算样品中维生素 C 含量。

5.1.2 试剂与器材

实验使用试剂及其配制方法如下。

①偏磷酸溶液（20g/L）：称取 20g 偏磷酸，用水溶解并定容至 1L。

②草酸溶液（20g/L）：称取 20g 草酸，用水溶解并定容至 1L。

③2,6- 二氯靛酚溶液：称取碳酸氢钠 52mg，溶解在 200mL 热蒸馏水中，然后称取 2,6- 二氯靛酚 50mg 溶解在上述碳酸氢钠溶液中，冷却并用水定容至 250mL，过滤至棕色瓶内，于 4 ～ 8℃ 环境中保存。每次使用前用标准维生素 C 溶液标定其滴定度。

④维生素 C 标准储备液：准确称取 20mg 维生素 C 溶于 20g/L 草酸溶液中，移入 100mL 容量瓶中，用 20g/L 草酸溶液定容，混匀，冰箱中保存。

⑤维生素 C 标准使用液（0.02648mg/mL）：吸取维生素 C 储备液 5mL，用

20g/L 草酸溶液稀释至 50mL。

实验需要的仪器有电子天平、容量瓶、锥形瓶、微量滴定管、吸耳球。实验选用的样品为橘子。

同时，实验还需要进行标定。准确吸取上述维生素 C 标准使用液 1mL 于 50mL 锥形瓶中，加入 10mL 偏磷酸溶液或者草酸溶液，用 2,6- 二氯靛酚溶液滴定至粉红色，保持 15s 不褪色为止，同时另外取 10mL 偏磷酸溶液或草酸溶液做空白实验。2,6- 二氯靛酚溶液滴定度按照以下公式计算：

$$T = \frac{\rho \times V}{V_1 - V_2}$$ (2-5-1)

式中，T 为 2,6- 二氯靛酚滴定度（mg/mL）；ρ 为维生素 C 的质量浓度（mg/mL）；V 为吸取维生素 C 标准溶液体积（mL）；V_1 为滴定维生素 C 消耗 2,6- 二氯靛酚溶液的体积（mL）；V_2 为滴定空白所消耗 2,6- 二氯靛酚溶液的体积（mL）。

5.1.3 操作步骤

用水洗净整个新鲜水果，用纱布或吸水纸吸干表面水分。称取 100g，放入 100g 偏磷酸溶液或草酸溶液中，迅速匀浆。准确称取 10 ~ 40g 匀浆样品于烧瓶中，用偏磷酸溶液或草酸溶液将样品转移至 100mL 容量瓶中，并稀释至刻度，充分振荡 5min，滤纸过滤，活性炭吸附生物样品中的色素，以利于终点的观察。

称取 10mL 滤液于 100mL 锥形瓶中，用标定过的 2,6- 二氯靛酚溶液滴定，直至溶液成粉红色，保持 15s 不褪色为止，同时做空白实验。

5.1.4 结果计算

维生素 C 的含量按下列公式计算：

$$X = \frac{(V_3 - V_4) \times T \times A \times 100}{m}$$ (2-5-2)

式中，X 为试样中维生素 C 含量（mg/100g）；V_3 为样品用 2,6- 二氯靛酚溶液的滴定体积（mL）；V_4 为空白用 2,6- 二氯靛酚溶液的滴定体积（mL）；T 为 2,6- 二氯靛酚溶液滴定度（mg/mL）；A 为稀释倍数；m 为试样质量（g）；

100 为换算系数。

思考题：

①测定食品中维生素 C 的方法还有哪些？

②样品采集后为什么用 20g/L 草酸溶液浸泡研磨而非 10g/L 草酸溶液浸泡研磨？

5.2　食品中灰分的测定

5.2.1　实验原理

食品中灰分的测定按照《食品安全国家标准　食品中灰分的测定》（GB 5009.4—2016）执行。灰分采取简便、快速的干灰化法测定，即先将样品中的水分去掉，然后在尽可能低的温度下将样品小心地加热炭化和灼烧，除尽有机质，称取残留的无机物，即可求出灰分的含量。本方法适用于各类食品中灰分含量的测定。

5.2.2　器材

本实验主要需要用到高温电炉（马弗炉）、瓷坩埚（30mL）。

5.2.3　实验步骤

5.2.3.1　样品预处理

样品预处理具体分为三步。

第一步，称量样品质量。首先，将灰分量定为 10 ～ 100mg，选出试样的采取量。一般情况下，大豆粉、奶粉、调味品、鱼类等取 1 ～ 2g；蔬菜、糖及糖制品、淀粉及其制品、奶油、蜂蜜等取 5 ～ 10g；水果及其制品取 20g；谷类食品、肉及肉制品、糕点、牛乳取 3 ～ 5g；油脂取 50g。

第二步，处理第一步所取样品。对于谷物和豆类这种含水量少的固体试样，用机器均匀打碎备用；液体样品需要通过沸水浴形式蒸干；果蔬这类内部含水分多的样品，则放入烘箱，用先低温后高温的形式烘干，或将测定水分后的残留物作为样品，等到提取脂肪后再进行详细的分析。

第三步，处理好瓷坩埚。使用体积分数 20% 的盐酸煮洗瓷坩埚，1～2h 后取出晒干，而后用混合了蓝墨水和氯化铁的笔在每个瓷坩埚的外壁、底部和盖子上写下编号。随即全部放入马弗炉之中，经过半小时的 600℃ 高温灼烧后取出，待温度冷却到 200℃ 以下时，将瓷坩埚转移到干燥器中冷却，降到室温时再取出称量。一直重复灼烧至恒重。

5.2.3.2 测定

称取适量样品于坩埚中，在电炉上小心加热，使样品充分炭化至无烟。然后将坩埚移至高温电炉中，在 500～600℃ 下灼烧至无炭粒（即灰化完全）。待温度冷却到 200℃ 以下时，移入干燥器中冷却至室温后称量，重复灼烧至前后两次称量相差不超过 0.5mg 即视为恒重。

5.2.4 结果计算

5.2.4.1 总灰分的计算

总灰分质量分数的计算公式：

$$x_1 = \frac{m_1 - m_0}{m_2 - m_0} \times 100 \qquad (2\text{-}5\text{-}3)$$

式中，x_1 为样品灰分的质量分数（%）；m_0 为坩埚的质量（g）；m_1 为坩埚和总灰分的质量（g）；m_2 为坩埚和样品的质量（g）。

5.2.4.2 水溶性灰分与水不溶性灰分的测定

在总灰分中加水约 25mL，盖上表面皿，加热至近沸，用无灰滤纸过滤，以 25mL 热水洗涤，将滤纸和残渣置于原坩埚中，按总灰分测定方法再行干燥、炭化、灼烧、冷却、称量。以下式计算水溶性灰分与水不溶性灰分的含量：

$$x_2 = \frac{m_3 - m_0}{m_2 - m_0} \times 100 \qquad (2\text{-}5\text{-}4)$$

$$水不溶性灰分 = 总灰分 - 水不溶性灰分$$

式中，x_2 为样品中水不溶性灰分的质量分数（%）；m_3 为坩埚和水不溶性灰分的质量（g）；m_2 为坩埚和样品的质量（g）；m_0 为坩埚的质量（g）。

5.2.4.3　酸溶性灰分与酸不溶性灰分的测定

于水不溶性灰分（或测定总灰分的残留物）中，加入盐酸（1：9）25mL，盖上表面皿，小火加热煮沸 5min。用无灰滤纸过滤，用热水洗涤至滤液无 Cl^- 反应为止。将残留物和滤纸一同放入原坩埚中进行干燥、炭化、灼烧、冷却、称量，同总灰分测定方法。计算公式：

$$x_3 = \frac{m_4 - m_0}{m_2 - m_0} \times 100 \qquad (2\text{-}5\text{-}5)$$

式中，x_3 为样品中水不溶性灰分的质量分数（%）；m_4 为坩埚和水不溶性灰分的质量（g）；m_2 为坩埚和样品的质量（g）；m_0 为坩埚的质量（g）。

思考题：

① 食品中的灰分是如何形成的？
② 测定食品中灰分的意义是什么？

5.3　食品中铁的测定

5.3.1　实验原理

在 pH 为 2～9 的溶液中，邻二氮菲（又称邻菲啰啉）能与 Fe^{2+} 生成稳定的橘红色配合物，在波长 510nm 处有最大吸收峰，其吸光度与 Fe^{2+} 含量成正比，因此，可用比色法进行测定。此外，邻二氮菲也能与 Fe^{3+} 反应，生成淡蓝色的配合物。因此，在显色之前，需要用盐酸羟胺（或抗坏血酸）将全部的 Fe^{3+} 还原为 Fe^{2+}。

5.3.2 试剂与器材

实验使用的试剂有 5% 盐酸羟胺溶液（用前配制）、浓硫酸、盐酸溶液（1∶1）、10% 乙酸钠溶液，以上试剂均为分析纯，同时还包括以下待配制的试剂。

① 0.15% 邻二氮菲水溶液（新鲜配制）：称取 0.15g 邻二氮菲于烧杯中，加 60mL 水加热至 80℃ 溶解，冷却后移入 100mL 容量瓶定容。

②铁标准储备液：准确称取金属铁（纯度大于 99.99%）1.0000g 于烧杯中，加入 50mL（1∶1）盐酸使之溶解，转移到 1000mL 容量瓶中，用水稀释至刻度。此溶液每毫升含 Fe^{2+} 1000mg。

③铁标准使用液：吸取铁标准储备液 1mL，用水定容至 100mL，此溶液每毫升含 Fe^{2+} 10mg。

实验主要使用的仪器为 723 可见分光光度计，试样选用蔬菜、水果、面粉等。

5.3.3 实验步骤

实验按照以下步骤开展。

第一，对试样进行处理。称取均匀样品 10g，干法灰化后，加 2mL 1mol/L 的盐酸水浴蒸干，再加入 5mL 蒸馏水，加热沸腾，冷却，移入 100mL 容量瓶中，用蒸馏水定容，摇匀后待测。

第二，绘制标准曲线。准确吸取铁标准使用液 0mL、1mL、2mL、3mL、4mL、5mL，分别置于 25mL 容量瓶中，加 5% 盐酸羟胺 2.5mL，摇匀，放置 10min 后，加入 10% 酒石酸溶液 1mL，10% 乙酸钠 2.5mL，0.25% 邻二氮菲溶液 5mL，10% 乙酸钠 5mL，然后用蒸馏水稀释至刻度，摇匀。此时容量瓶中溶液铁的浓度分别为 0mg/mL、0.4mg/mL、0.8mg/mL、1.2mg/mL、1.6mg/mL、2mg/mL。以不加铁标准使用液的空白试剂作参比，在 510nm 波长处测定各溶液的吸光度，以铁含量为横坐标，吸光度值为纵坐标，绘制标准曲线。

第三，样品测定。准确吸取样品溶液 5～10mL（视铁含量的高低而定）于 25mL 容量瓶中，以下按照标准步骤与标准工作液同时进行。在 510nm 波长处测定吸光度，在标准曲线上查出对应的铁含量（mg）。

5.3.4 结果计算

试样中铁含量按以下公式计算：

$$X = \frac{C - V_2}{m \times V_1} \times 100 \qquad (2\text{-}5\text{-}6)$$

式中，X 为试样中铁元素的含量（mg/100g）；C 为从标准曲线上查得测定用样液相应的铁元素的含量（mg）；V_1 为测定用样液的体积（mL）；V_2 为样液总体积（mL）；m 为试样质量（g）。计算结果表示到小数点后两位。

在重复性条件下获得的两次独立测定结果的绝对差值不得超过算术平均值的10%。

思考题：

①简述邻二氮菲比色法有何优缺点？
②简述邻二氮菲比色法的工作原理及其主要组成部件。

5.4 食品中钙的测定

5.4.1 EDTA 滴定法

5.4.1.1 实验原理

钙与 EDTA 定量地形成金属络合物，其稳定性大于钙与指示剂所形成的络合物。在 pH 12～14 时，可用 EDTA 的盐溶液直接滴定溶液中的 Ca^{2+}，终点指示剂为钙指示剂（R），R 水溶液在 pH > 11 时为纯蓝色，可与 Ca^{2+} 结合生成酒红色的 $R\text{-}Ca^{2+}$，其稳定性比 $EDTA\text{-}Ca^{2+}$ 弱。在滴定过程中，EDTA 首先与游离 Ca^{2+} 结合，接近终点时 EDTA 夺取 $R\text{-}Ca^{2+}$ 中的 Ca^{2+}，使溶液从酒红色变成纯蓝色，即为滴定终点。根据 EDTA 的消耗量，即可计算出钙的含量。

5.4.1.2 试剂与器材

除特别注明外，实验所用试剂均为分析纯，水为去离子水。实验使用的常规试剂包括盐酸、硝酸、次氯酸、氢氧化钾、氰化钠、柠檬酸钠、氧化镧（纯度＞99.99%）、EDTA、碳酸钙（纯度＞99.99%）；常规溶液包括硝酸—高氯酸混合酸（4∶1，体积比）、硝酸溶液（0.5mol/L）、氢氧化钾溶液（1.25mol/L）、氰化钠溶液（10g/L）、柠檬酸钠溶液（0.05mol/L）。此外，还需配制以下试剂。

①氧化镧溶液（2%）：称取 20g 氧化镧，以 75mL 盐酸溶解后，定容至1000mL。

②EDTA 溶液：称取 4.50g EDTA，以水溶解，定容至 1000mL，储存于聚乙烯瓶中，于 4℃ 保存。使用时稀释 10 倍。

③钙标准溶液（100μg/mL）：称取 0.1248g 碳酸钙（于 105～110℃ 烘干2h），加 20mL 水及 3mL 盐酸溶解，移入 500mL 容量瓶中，加水稀释至刻度，储存于聚乙烯瓶中，4℃ 保存。

④钙红指示剂：称取 0.1g 钙羧酸指示剂干粉，以水溶解定容至 100mL。4℃储存可保持一个半月以上。

实验使用到的仪器包括可调电炉、微量滴定管、碱式滴定管、消化瓶等；试样选用海带、虾皮、紫菜等，各 250g。

5.4.1.3 操作步骤

实验按照以下步骤开展。

第一，样品消化。称取海带等待测样品各 1.5g，分别置于 250mL 消化瓶中。加硝酸—高氯酸混合酸 30mL，上盖表面皿，置于电炉上加热（先小火，后大火），消化至溶液无色透明或微带黄色。在消化过程中，若消化不彻底，可以向内补充一定量的混合酸，并持续加热直至完全消化。向消化瓶中加入少量去离子水后加热，去除其中多出来的酸，等到消化瓶中的液体只剩下 2～3mL 时停止加热，等待其自然冷却。而后用去离子水洗涤，再转移到 10mL 刻度试管中，最后用氧化镧溶液定容至刻度。此外，还需要取与消化样品质量相等的混合酸消化液，严格按照上述步骤操作，作为空白试剂。

第二，进行 EDTA 滴定度的测定。吸取 0.5mL 钙标准溶液于试管中，加 3滴钙红指示剂，以稀释 10 倍的 EDTA 溶液滴定至溶液由紫红色变为蓝色。根据EDTA 溶液的用量，计算出每毫升 EDTA 相当于钙的质量（mg），即所谓 EDTA

的滴定度。

第三，试样及空白的滴定。分别吸取 0.1～0.5mL（根据钙的含量而定）试样消化液及空白于试管中，加 1 滴氰化钠溶液、0.1mL 柠檬酸钠溶液和 1.5mL 氢氧化钾溶液，加 3 滴钙红指示剂，立即以稀释 10 倍的 EDTA 溶液滴定至终点（溶液颜色由紫红色变为蓝色），计算 EDTA 溶液的用量。

5.4.1.4　结果计算

按下式计算样品中钙的含量：

$$X = \frac{T(V-V_0)f \times 100}{m} \tag{2-5-7}$$

式中，X 为试样中钙的含量（mg/100g）；T 为 EDTA 的滴定度（mg/mL）；V 为滴定试样时所用 EDTA 量（mL）；V_0 为滴定空白液时所用 EDTA 量（mL）；f 为试样的稀释倍数；m 为试样的质量（g）。

5.4.2　原子吸收分光光度法

5.4.2.1　实验原理

试样经湿法消化后，导入原子吸收分光光度计中，经火焰原子化后，吸收 422.7nm 的共振线，其吸收量与含量成正比，可以与标准系列比较定量。

5.4.2.2　试剂与器材

实验使用的试剂主要有混合消化液硝酸、高氯酸（4∶1），以及以下需要配制的试剂。

① 0.5mol/L 硝酸溶液：量取 32mL 硝酸，加去离子水并稀释至 1000mL。

② 20g/L 氧化镧溶液：称取 23.45g 氧化镧（纯度大于 99.99%），先用少量水湿润再加 75mL 盐酸于 1000mL 容量瓶中，加去离子水稀释至刻度。

③钙标准储备溶液：准确称取 1.2486g 碳酸钙（纯度大于 99.99%），加 50mL 去离子水，加盐酸溶解，移入 1000mL 容量瓶中，加 20g/L 氧化镧溶液稀释至刻度。贮存于聚乙烯瓶内，4℃ 保存。此溶液每毫升相当于 500μg 钙。

④钙标准使用液配制，配制后，贮存于聚乙烯瓶内，4℃ 保存。

实验需要用到原子吸收分光光度计，其他所用玻璃仪器均以硫酸 — 重铬酸钾洗液浸泡数小时，再用洗衣粉充分洗刷，后用水反复冲洗，最后用去离子水冲洗晒干或烘干,方可使用。

5.4.2.3 实验步骤

原子吸收分光光度实验的步骤如下。

第一步,处理试样。用清水冲洗鲜样,再用去离子水彻底洗干净。面粉等干粉类试样在取样结束后需要即刻装入容器中密封,避免受到空气中杂物的污染。备好试样之后,精准取出 0.5 ～ 1.5g 干样,若是湿样则取 2 ～ 4g,倒入 250mL 高型烧杯中,再加入 20 ～ 30mL 的混合酸消化液,而后紧紧盖上表面皿,放到电热板上加热消化。如果没有消化好,表面的酸液不足,可以补充几毫升混合酸使之继续消化,直到样液的颜色转为无色透明状。随后加入几毫升水,加热去除多余硝酸。等到烧杯中的液体剩 2 ～ 3mL 的时候取下,静待其冷却。之后再向内倒入 20g/L 的氧化溶液洗涤,全部移入 10mL 的容量瓶定容。之后,取出与消化试样质量相当的混合酸,重复上述操作作为空白试验。

第二步,进行测定。分别将钙标准使用液配制成标准稀释液,每个系列的浓度都不同。测定时,无论是仪器狭缝、空气、乙炔的流量还是灯头高度、元素灯电流等都需要依照使用说明调整到最佳状态。

5.4.2.4 结果计算

将消化好的试样液、试剂空白液和钙元素的标准浓度系列分别导入仪器中测定。以钙标准浓度为横坐标,以吸光度值为纵坐标做标准曲线和线性回归方程。根据样品的吸光度标准曲线线性回归方程计算其浓度,再根据以下公式计算样品的钙含量:

$$X = \frac{(c_1 - c_0) \times V \times f \times 100}{m \times 100} \tag{2-5-8}$$

式中,X 为试样中元素的含量(mg/100g);c_1 为测定用试样液中元素的浓度(μg/mL);c_0 为试剂空白液中元素的浓度(μg/mL);V 为试样定容体积(mL);f 为稀释倍数;m 为试样质量(g)。

思考题:

①使用滴定法检测食品中钙含量的原理是什么?

②待测试样液中为什么要加入镧溶液?

5.5 原子吸收光谱法测定食品中的铅

5.5.1 实验原理

将经过灰化或酸消解处理的样品注入到原子吸收分光光度计石墨炉中，其发生电热原子化后将吸收 283.3nm 共振线，这里的吸收值在一定浓度范围内与铅含量成正比，可以和标准系列定量比较。

5.5.2 试剂与器材

实验过程中全部用水均为去离子水，所用的化学试剂均为优级纯以上，主要试剂包括硝酸、磷酸铵溶液、铅标准储备液、铅标准使用液，试剂的制备方法如下。

①硝酸（1+1）：取 50mL 硝酸慢慢加入 50mL 水中。

②硝酸（0.5mol/L）：取 3.2mL 硝酸加入 50mL 水中，稀释至 100mL。

③硝酸（1.0mol/L）：取 6.4mL 硝酸加入 50mL 水中，稀释至 100mL。

④磷酸铵溶液（20g/L）：称 2g 磷酸铵，以水溶解稀释至 100mL。

⑤混合酸：硝酸 + 高氯酸（4+1）：取 4 份硝酸与 1 份高氯酸混合。

⑥铅标准储备液：准确称取 1g 金属铅（99.99%）分次加少量硝酸（1+1）加热溶解，总量不超过 37mL，移入 1000mL 容量瓶，加水至刻度。混匀。此溶液每毫升含 1mg 铅。

⑦铅标准使用液：每次吸取铅标准储备液 1mL 于 100mL 容量瓶中，加硝酸（0.5mol/L）或硝酸（1.0mol/L）至刻度。如此经多次稀释，制成每毫升含 10μg、20μg、40μg、60μg、80μg 铅的标准使用液。

实验所用玻璃仪器均须以硝酸（1+5）浸泡过夜，用水反复冲洗，最后用去离子水冲洗干净，其他包括原子吸收分光光度计（附石墨炉及铅空心阴极灯）、马弗炉、干燥恒温箱、瓷坩埚、压力消解器或压力溶弹，以及可调式电热板和可调式电炉。

5.5.3　实验步骤

实验按照以下步骤开展。

第一，对样品进行消解。称取 1 ～ 5g 样品于瓷坩埚中，首先将其放在可调式电热板上，用小火慢慢使其炭化直至无烟，再放入马弗炉中调整温度至500℃，灰化处理 6 ～ 8h，取出冷却。若是期间个别样品没有彻底灰化，还要加入 1mL 混合酸再在可调式电炉上用小火加热，重复上述过程多次直到消化完全，再冷却。使用硝酸（0.5mol/L）溶解灰分，并利用滴管将这些样品消化过滤到 10 ～ 25mL 容量瓶中，用水少量多次洗涤瓷坩埚，洗液合并于容量瓶中并定容至刻度，混匀备用；同时做空白试剂。

第二，进行测定。首先，根据各自仪器性能调至最佳状态。参考条件为波长283.3nm，狭缝 0.2 ～ 1.0nm，灯电流 5 ～ 7mA，干燥温度 120℃，20s；灰化温度为 450℃，15 ～ 20s，原子化温度为 1700 ～ 2300℃，4 ～ 5s，背景校正为氘灯或塞曼效应。其次，绘制标准曲线。吸取上面配制的铅标准使用液 10μg/mL、20μg/mL、40μg/mL、60μg/mL、80μg/mL 各 10μL，向石墨炉中注射，测试出其吸光值后求解吸光值与浓度关系的一元线性回归方程。

第三，测定样品。从样液和试剂空白液中分别提取 10μL 注入石墨炉，测量各自的吸光值，再将数值代入标准系列的一元线性回归方程，求出样液中的铅含量。对于含有干扰物的样品，可向其中注入一定量（小于 5L）的基体改进剂去除干扰物。在绘制铅标准曲线的时候，还要向其中加入和测定样品相同量的基体改进剂标准液，并加入磷酸铵溶液。

5.5.4　结果计算

实验结果按以下公式计算：

$$X_1 = \frac{(A_1 - A_2) \times \dfrac{V_2}{V_1} \times V_3 \times 1000}{m_1 \times 1000} \qquad (2\text{-}5\text{-}9)$$

式中：X_1 为样品中铅含量 [μg/kg（μg/L）]；A_1 为测定样液中铅含量（μg/mL）；A_2 为空白液中铅含量（μg/mL）；V_1 为实际进样品消化液体积（mL）；V_2 为进样总体积（mL）；V_3 为样品消化液总体积（mL）；m_1 为样品质量或体积（g 或 mL）。

思考题：

①为什么可以将几种元素的标准溶液配在一起，组成混合标准溶液？这样做有什么好处？

②石墨炉原子吸收如何表示检出限？影响准确度和精密度的因素有哪些？

③简述用原子吸收法测定重金属的优点。

6 酶和色素

食品化学实验中，关于酶和色素的实验主要有淀粉酶活力测定、色素分离、叶绿素含量测定、单宁含量测定等，以下将分别开展相应的实验。

6.1 淀粉酶活力测定

6.1.1 实验原理

淀粉酶是指一类能催化分解淀粉分子中糖苷键的酶的总称，包括 α- 淀粉酶和 β- 淀粉酶等。α- 淀粉酶可从淀粉分子内部切断淀粉的 α-1，4 糖苷键，形成麦芽糖、含有 6 个葡萄糖单位的寡糖和带有支链的寡糖，使淀粉的黏度下降，因此又称为液化型淀粉酶。[1] 淀粉遇碘呈蓝色。这种淀粉 — 碘复合物在 660nm 处有较大的吸收峰，可用分光光度计测定。随着酶的分解作用，淀粉长链被切断，生成小分子的糊精，对碘的蓝色反应逐渐消失，因此可以将一定时间内蓝色消失的程度作为指标，来测定 α- 淀粉酶的活力。

6.1.2 试剂与器材

实验所使用到的试剂有 pH 6 的磷酸氢二钠 — 柠檬酸缓冲液、标准糊精溶液、0.5mol/L 乙酸、0.85% 生理盐水、碘、碘化钾等；使用的仪器有高压蒸汽灭菌锅、超净工作台、分光光度计、电子天平、电炉、恒温振荡器、恒温培养箱、

---

[1] 路福平，李玉. 微生物学实验技术 [M]. 北京：中国轻工业出版社，2020：199.

烧杯、量筒、三角瓶、培养皿、移液管、洗耳球、试管、试管架、接种针、涂布棒等。

6.1.3 实验步骤

实验按照以下步骤展开。

第一，摇瓶培养。挑选菌株进行摇瓶培养，将菌溶于 5mL 无菌生理盐水中，吸取此培养液加入淀粉培养液中，30℃ 摇瓶培养 72h。

第二，制备酶液。将发酵液离心（5000r/min，10min），取上清液作为粗酶液，以 pH 6 的缓冲液稀释至适当浓度（1 倍），作为待测酶液。

第三，绘制标准曲线。将可溶性淀粉稀释成 0.2%、0.5%、1%、1.5%、2%的稀释液；吸取淀粉稀释液 2mL 加至试管中，加入磷酸氢二钠 — 柠檬酸缓冲液 1mL，40℃ 水浴保温 15min；加蒸馏水 1mL，40℃ 保温 30min 后加入 0.5mol/L 乙酸 10mL；吸取反应液 1mL，加入稀碘液 10mL，混匀，在 660nm 下测得吸光度值 A_{660}；以淀粉浓度为横坐标，吸光度为纵坐标，作标准曲线。

第四，进行测定。酶活力以每毫升粗酶液在 40℃、pH 6 的条件下每小时所分解的淀粉毫克数来衡量。试管 A（酶试样，需要 3 个平行试样）分别加淀粉 2% 稀释液 2mL、加缓冲液 1mL（摇匀）在水浴锅中用 40℃ 热水加热 5min。加酶液 1mL（摇匀）在水浴锅中 40℃ 加热 30min，加乙酸 10mL 混匀，取反应液 1mL 再加稀碘液 10mL 混匀在 660nm 波长下测定吸光度值；试管 B（空白）将 2% 的淀粉溶液换为 2mL 蒸馏水，将 1mL 蒸馏水换为 1mL 酶液。

6.1.4 结果计算

实验结果按照以下公式计算：

$$酶活力（g/mL）= \frac{\frac{60}{T} \times 20 \times 0.02 \times N}{0.5} \qquad (2-6-1)$$

式中，60 为酶活力定义中反应时间为 60min；T 为反应时间（min）；20 为可溶性淀粉的毫升数；0.02 为 2% 可溶性淀粉浓度；N 为酶液稀释倍数；0.5 为测定时所用酶液量（mL）。

思考题：

①淀粉酶活力测定的原理是什么？
②测定酶活力应注意什么问题？

6.2 绿色蔬菜叶中色素的分离

6.2.1 实验原理

色素可以采用多种色谱技术进行分离。色谱是利用各组分在流动相中具有不同的溶解度和在固定相中具有不同的吸附性将色素分离的。固定相可以是纤维素（纸）和硅胶。

6.2.2 试剂与器材

实验所用到的材料和试剂有绿色叶菜（3g）、石油醚（250mL）、丙酮或乙醇（各10mL）、正丁醇（1mL）；使用的仪器主要有15cm具塞试管、移液管、毛细管、微型移液管、Whatman 1 号滤纸。

6.2.3 实验步骤

实验按照以下步骤开展。

第一，提取色素。剪一片约6cm²的叶子，放入沸水中，煮沸2min，移出叶子并将其表面水滴用纸巾吸干。向试管中加入3mL的石油醚和10mL的丙酮或乙醇。将叶片剪碎、放入试管中并使叶片完全浸入溶液，保持一段时间，直到叶片中的色素几乎全部溶出，提取过程中须用玻璃棒搅动一两次。用移液管将液相移至另一试管中，加入10mL水，塞好盖子，上下摇动几次，静置待两相分层。再用移液管将上层深绿色液层移入干净试管中，加入10mL水，盖塞，来回摇动几次，静置待分层。反复洗涤，使色素完全溶于石油醚层，绝大部分丙酮或乙醇被转移至水中。若色谱图显示色素没有分离，则重复水洗的步骤。

第二，分离色素的色谱。首先制备展开剂，取 1mL 正丁醇移至 100mL 容量瓶中，并用石油醚定容，摇匀，制备时要注意远离火源。随后，在 15cm 的试管中倒入上述展开剂约 1.3cm，用软木塞塞住。

第三，将 Whatman 1 号滤纸剪成 15cm 长、1.3cm 宽的长条。在长条一端 1.3cm 处折出一条横线，用铅笔在横线中心及长条另一端 1.3cm 处的中心各点一点。用微型移液管或毛细管向滤纸条上做标记的点的位置滴一小滴色素的石油醚提取物，点样量要足够小，直径在 0.5cm 内。在相同的点上重复点样 4～8 次，每次点完后干燥几秒钟，让溶剂充分挥发，然后再次点样（可以先用碎滤纸片进行训练）。用一个大头针将滤纸条从褶缝中心的点钉在木塞底部，确保滤纸条垂直悬挂。将滤纸条放入装有展开剂的试管中，展开剂要触及滤纸条顶端，但要低于点样处。让展开剂向上展开，直到色素分离。

第四，画出色谱图，并将各点标记出来。

大多数绿色菜叶的色谱图上会显示出类胡萝卜素（它会随着展开剂的前沿推移，距离底部最远）。蓝绿色的叶绿素 a 比橄榄绿的叶绿素 b 距离滤纸底部较远（且叶绿素 a 展开更快）。在叶绿素 a 前面可能会观察到脱镁叶绿素 a 的灰色带。色谱图上可能还会显示出黄色的叶黄素的点或带。

6.2.4 结果分析

作为一种替代纸层析色谱的方法，薄层色谱可用于分离菠菜色素。在距离硅胶板的底部约 1.5cm 处点上含菠菜色素的石油醚提取物，点样直径在 1cm 以内。

当点样点彻底干燥后，将硅胶板放入含有溶剂（石油醚—异丙醇—水，100∶5∶0.25，体积比）的层析缸中。该溶剂的制备方法是将异丙醇加入水中，混合后再加入石油醚。溶剂的深度一定要低于点样点的位置。当溶剂前沿展开至离点样点约 15cm 时，从层析缸中移出硅胶板，干燥硅胶板。

思考题：

①试比较叶绿素、叶黄素和胡萝卜素三种色素的极性，为什么胡萝卜素在薄层板上移动最快？

②展开剂的高度超过点样线，对薄层色谱有什么影响？

6.3　植物中叶绿素含量的测定

6.3.1　实验原理

与其他显色物质相同，叶绿素在溶液中时如果液层厚度没有变化，那么它的吸光度与其浓度之间就会形成一定的比例关系。叶绿素 a、b 的吸收系数在 652nm 波长处的比例相同，由此可知，在上述波长下测定叶绿素溶液的吸光度就能计算叶绿素 a、b 的总量。

6.3.2　试剂与器材

实验所需的材料与试剂包括鲜叶片、95% 乙醇、石英砂、碳酸钙粉；用到的仪器包括电子分析天平、分光光度计、漏斗、25mL 容量瓶、剪刀、滤纸玻璃棒等。

6.3.3　实验步骤

实验按照以下步骤开展。

第一，提取叶绿素。称取鲜叶片 0.2g（可视叶片叶绿素含量增减用量），剪碎放入研钵中，加少量碳酸钙粉和石英砂及 3 ～ 5mL 95% 乙醇，研成匀浆，再加入约 10mL 95% 乙醇，稀释研磨后，用滤纸过滤到 25mL 容量瓶中，然后用 95% 乙醇滴洗研钵及滤纸至无绿色，最后定容至刻度，摇匀，即得叶绿素提取液。

第二，进行测定。取光径为 1cm 的比色杯，倒入叶绿素提取液，距离杯口 1cm 处，以 95% 乙醇为空白对照，在 652nm 波长下读取吸光度值。

6.3.4　结果计算

将测得的吸光度值代入以下公式，即可求得提取液中叶绿素浓度：

$$C(\text{mg/mL})=A_{652}/34.5 \qquad (2\text{-}6\text{-}2)$$

再将所得结果代入下列公式，即可得出样品的叶绿素含量（mg/g，鲜重）：

$$X_a=(12.7\times D_{663nm}-2.67\times D_{654nm})\times\frac{V}{1000m} \qquad (2\text{-}6\text{-}3)$$

$$X_b=(22.9\times D_{645nm}-4.68\times D_{663nm})\times\frac{V}{1000m} \qquad (2\text{-}6\text{-}4)$$

式中，C 为叶绿素（a 和 b）的总浓度（mg/mL）；A_{652} 为在 652nm 波长下测得叶绿素提取液的吸光度；34.5 为叶绿素 a 和 b 混合溶液在 652nm 波长的比吸收系数（比色杯光径为 1cm，样品浓度为 1g/L 时的吸光度）；X_a 为叶绿素 a 的含量（mg/g，鲜重）；X_b 为叶绿素 b 的含量（mg/g，鲜重）；m 为样品质量（g）；V 为叶绿素滤液最终体积（mL）。

思考题：

①在破碎植物叶片组织时，为什么要加入碳酸钙？
②叶绿素 a 和叶绿素 b 的结构有何不同？

6.4 单宁含量的测定

6.4.1 实验原理

食品中的单宁在碱性溶液中将磷钨钼酸还原，生成深蓝色化合物，可用比色法测定。

6.4.2 试剂与器材

实验使用的试剂主要有标准单宁酸溶液、F-D（Folin-Denis）试剂、60g/L 偏磷酸溶液、1mol/L 碳酸钠溶液、95% 和 75% 的乙醇溶液，部分试剂的配制方法如下。

①标准单宁酸溶液（0.5mg/mL）：准确称取标准单宁酸 50mg，溶解后用水

稀释至 100mL，用时现配。

②F-D 试剂：称取钨酸钠 50g、磷钼酸 10g，置于 500mL 锥形瓶中，加 375mL 水溶解，再加磷酸 25mL，连接冷凝管，在沸水浴上加热回流 2h，冷却后用水稀释至 500mL。

③1mol/L 碳酸钠溶液：称取无水碳酸钠 53g，加水溶解并稀释至 500mL。

实验使用的器材包括组织捣碎机或研钵、分光光度计、回流装置、电炉等。

6.4.3　实验步骤

实验按照以下步骤开展。

第一，绘制标准曲线。准确吸取标准单宁酸溶液 0mL、0.1mL、0.2mL、0.4mL、0.6mL、0.8mL、1mL 于 50mL 容量瓶中，各加入 75% 乙醇 1.7mL、60g/L 偏磷酸溶液 0.1mL、水 25mL、F-D 试剂 2.5mL、1mol/L 碳酸钠溶液 10mL，剧烈振摇，以水稀释至刻度，充分混合。于 30℃ 恒温箱中放置 1.5h，用分光光度计在波长 680nm 处测定吸光度，并绘制标准曲线。

第二，对样品进行测定。果实去皮切碎后，迅速称取 50g（如分析罐头食品则称取 100g），加入 95% 乙醇 50mL、60g/L 偏磷酸溶液 50mL、水 50mL，置于高速组织捣碎机中打浆 1min（或在研钵中研磨成浆状）。称取匀浆液 20g 于 100mL 容量瓶中，加入 75% 乙醇 40mL，在沸水浴中加热 20min，冷却后用 75% 乙醇稀释至刻度。充分混合，以慢速定量滤纸过滤，弃去初滤液。吸取上述滤液 2mL，置于已盛有 25mL 水、2.5mL F-D 试剂的 50mL 容量瓶中，然后加入 1mol/L 碳酸钠溶液 10mL，剧烈振摇，以水稀释至刻度，充分摇匀（此时溶液的蓝色逐渐产生）。同时做空白实验。于 30℃ 恒温箱中放置 1.5h 后，用分光光度计在波长 680nm 处，以空白试剂调零，测定吸光度。

6.4.4　结果计算

实验结果按照以下公式计算：

$$X = C \times 10^{-6} / (m \times k) \times 100 \qquad (2\text{-}6\text{-}5)$$

式中，X 为样品中单宁的质量分数（%）；C 为比色用样品溶液中单宁的含量（由标准曲线查得）（μg）；m 为样品质量（g）；K 为稀释倍数。

思考题：

①测定食品中单宁含量的原理是什么？

②还有哪些方法可以用来检测食品中单宁的含量？

7 食品添加剂

食品化学实验中关于食品添加剂的实验有很多，以下将具体开展山梨酸钾制备、苯甲酸测定、亚硝酸盐含量测定、有机磷农药残留测定、苯并芘测定、明矾测定、糖精钠测定的相关实验。

7.1 食品防腐剂山梨酸钾的制备

7.1.1 实验原理

山梨酸钾是一种不饱和的单羧基脂肪酸，呈无色或白色鳞片状结晶或粉末，在空气中不稳定，能被氧化着色，有吸湿性，在约 270°C 条件下熔化分解，易溶于水，可溶于乙醇。本实验以巴豆醛和丙二酸为原料，制得山梨酸，再将其与氢氧化钾反应，制得山梨酸钾。

7.1.2 试剂与器材

实验使用的试剂与器材主要有巴豆醛（化学纯）、丙二酸（化学纯）、吡啶（化学纯）、硫酸（化学纯）、乙醇（化学纯）、氢氧化钾（化学纯）；精密 pH 试纸、滤纸、四口烧瓶（250mL）、烧杯（200mL、500mL）、球形冷凝管、抽滤瓶（500mL）、温度计（0 ～ 100°C）、量筒（10mL、100mL）、电动搅拌机、真空泵等。

7.1.3 实验步骤

实验按照以下步骤开展。

第一，向四口烧瓶中依次加入 35g 巴豆醛、50g 丙二酸和 5g 吡啶，室温搅拌 20min 待丙二酸溶解后，缓慢升温至 90℃，保温 90 ～ 100℃，反应 3 ～ 4h。用冰水浴降温至 10℃ 以下，缓慢加入质量分数 10% 的稀硫酸，控温低于 20℃，至反应物 pH 为 4 ～ 5，冷冻过夜，抽滤，结晶用冰水 50mL 分两次洗涤结晶，得山梨酸粗品。

第二，将粗品山梨酸倒入烧杯中，用 3 ～ 4 倍质量分数为 60% 的乙醇重结晶，抽滤得精品山梨酸。

第三，将山梨酸倒入烧杯中，加入等摩尔数的氢氧化钾和少量水，搅拌 30min，产物浓缩，95℃ 烘干，得白色山梨酸钾结晶。

思考题：

①制备山梨酸时，加入吡啶的目的是什么？
②制备山梨酸为什么要调整 pH ？为什么要冷冻过夜？

7.2 食品防腐剂苯甲酸的提取分离与光谱测定

7.2.1 实验原理

苯甲酸又称安息香酸。苯甲酸及其钠盐是比较安全的防腐剂，它对酵母和细菌的抑菌作用很有效，对霉菌作用稍差，最适作用 pH 范围是 2.5 ～ 4.0，pH 3.0 时抑菌作用最强，pH 5.5 以上时对很多霉菌和酵母菌没有明显抑制效果。

7.2.2 试剂与器材

实验使用的试剂主要有无水硫酸钠、85% 磷酸、0.1mol/L 氢氧化钠、0.001mol/L 氢氧化钠、1/30mol/L 重铬酸钾、2mol/L 硫酸溶液。

0.1mg/L 苯甲酸标准溶液的配制：称取 100mg 苯甲酸（预先经 105℃ 烘干），加入 0.1mol/L 氢氧化钠溶液 100mL，溶解后用水稀释至 1000mL。

实验使用的仪器主要有蒸馏装置、天平、移液管、容量瓶、分光光度计。

7.2.3　实验步骤

实验按照以下步骤开展。

第一，处理样品。准确称取均匀的样品 10g，置于 250mL 蒸馏瓶中，加磷酸 1mL、无水硫酸钠 20g、水 70mL、玻璃珠 3 粒进行蒸馏。用预先加有 5mL 0.1mol/L 氢氧化钠的 50mL 容量瓶接收馏出液，当蒸馏液收集到 45mL 时，停止蒸馏，用少量水洗涤冷凝器，最后用水稀释到刻度。

第二，分析样品。吸取上述蒸馏液 25mL，置于另一个 250mL 蒸馏瓶中，加入 1/30mol/L 重铬酸钾溶液 25mL、2mol/L 硫酸溶液 6.5mL，连接冷凝装置，水浴加热 10min，冷却，取下蒸馏瓶，加入磷酸 1mL、无水硫酸钠 20g、水 40mL、玻璃珠 3 粒，进行蒸馏，用预先加有 5mL 0.1mol/L 氢氧化钠的 50mL 容量瓶接收馏出液，当蒸馏液收集到 45mL 时，停止蒸馏，用少量水洗涤冷凝器，最后用水稀释到刻度。

第三，进行测定。根据样品中苯甲酸含量，取第二次蒸馏液 5～20mL，置于 50mL 容量瓶中，用 0.01mol/L 氢氧化钠定容，以 0.01mol/L 氢氧化钠作为对照，用分光光度计测 225nm 波长处的吸光度。

第四，做一组空白实验。同上述样品测定，但在第一步中用 5mL 1mol/L 氢氧化钠代替 1mL 磷酸，测定空白溶液的吸光度。

第五，绘制标准曲线。取苯甲酸标准溶液 50mL，置于 250mL 蒸馏瓶中，然后按样品测定步骤一进行。将全部蒸馏液 50mL 置于 250mL 蒸馏瓶中，然后按样品测定步骤二进行，取第二次蒸馏液 2mL、4mL、6mL、8mL、10mL，分别置于 50mL 容量瓶中，用 0.01mol/L 氢氧化钠定容，以 0.01mol/L 氢氧化钠作为对照，用分光光度计测 225nm 波长处的吸光度，绘制标准曲线。

7.2.4　结果计算

实验按照以下公式进行计算：

$$苯甲酸（g/kg）= \frac{(c-c_0)\times 100}{m \times \dfrac{25}{50} \times \dfrac{V}{50} \times 1000} \qquad (2-7-1)$$

式中，c 为测定用样品溶液中苯甲酸含量（mg）；c_0 为测定用空白溶液中苯甲酸含量（mg）；V 为测定用第二次蒸馏液体积（mL）；m 为样品质量（g）。

思考题：

①常用作食品防腐剂的物质有哪些？
②测定样品中苯甲酸含量的原理是什么？

7.3　食品中亚硝酸盐含量的测定

7.3.1　实验原理

实验按照《食品安全国家标准　食品中亚硝酸盐与硝酸盐的测定》（GB 5009.3—2016）执行。试样经沉淀蛋白质、除去脂肪后，在弱酸条件下亚硝酸盐与对氨基苯磺酸重氮化后，再与盐酸萘乙二胺偶合形成紫红色化合物，颜色的深浅与亚硝酸盐的含量成正比，其最大吸收波长为538nm，可测定吸光度并与标准样品比较定量。

7.3.2　试剂与器材

实验需要使用的试剂有亚铁氰化钾溶液、醋酸锌溶液、饱和硼砂溶液、4g/L 对氨基苯磺酸溶液、2g/L 盐酸萘乙二胺溶液、亚硝酸钠标准溶液、亚硝酸钠标准使用液，试剂的配制方法如下。

①亚铁氰化钾溶液：称取 106g 亚铁氰化钾，用水溶解，并稀释至 1000mL。

②醋酸锌溶液：称取 220g 醋酸锌，加 30mL 冰醋酸溶于水，并稀释至 1000mL。

③饱和硼砂溶液：称取 5g 硼酸钠，溶于 100mL 热水中，冷却后备用。

④ 4g/L 对氨基苯磺酸溶液：称取 0.4g 对氨基苯磺酸，溶于 100mL 20% 盐酸中，置于棕色瓶中混匀，避光保存。

⑤ 2g/L 盐酸萘乙二胺溶液：称取 0.2g 盐酸萘乙二胺，溶解于 100mL 水中，混匀后，置于棕色瓶中，避光保存。

⑥亚硝酸钠标准溶液：准确称取 0.1g 于硅胶干燥器中干燥 24h 的亚硝酸钠，加水溶解移入 500mL 容量瓶中，再加水稀释至刻度，混匀。此溶液每毫升相当于 200μg 的亚硝酸钠。

⑦亚硝酸钠标准使用液：临用前，吸取亚硝酸钠标准溶液 5mL，置于 200mL 容量瓶中，加水稀释至刻度，此溶液每毫升相当于 5μg 亚硝酸钠。

实验还需用到小型绞肉机、分光光度计等仪器。

7.3.3 实验步骤

实验按照以下步骤开展。

第一，处理样品。称取 5g 经绞碎混匀的试样，置于 50mL 烧杯中，加 12.5mL 硼砂饱和溶液，搅拌均匀，以 300mL 70℃ 左右的水将试样洗入 500mL 容量瓶中，于沸水浴中加热 15min，取出后冷却至室温，然后一边转动，一边加 5mL 亚铁氰化钾溶液，摇匀，再加入 5mL 醋酸锌溶液，以沉淀蛋白质。加水至刻度，摇匀，放置 0.5h，除去上层脂肪，清液用滤纸过滤，弃去初滤液 30mL，滤液备用。

第二，进行测定。吸取 40mL 上述滤液于 50mL 带塞比色管中，另吸取 0mL、0.2mL、0.4mL、0.6mL、0.8mL、1mL、1.5mL、2mL、2.5mL 亚硝酸钠标准使用液（相当于 0μg、1μg、2μg、3μg、4μg、5μg、7.5μg、10μg、12.5μg 亚硝酸钠）。分别置于 50mL 带塞比色管中。于标准管与试样管中分别加入 2mL 4g/L 对氨基苯磺酸溶液，混匀，静置 3 ～ 5min 后各加入 1mL 2g/L 盐酸萘乙二胺溶液，加水至刻度，混匀，静置 15min，用 1cm 比色杯，以零管（未加亚硝酸钠管）调节零点，于 538nm 波长处测吸光度，绘制标准曲线比较。

7.3.4 结果计算

试样中亚硝酸盐的含量按下式进行计算：

$$x = \frac{A \times 1000}{m \times \dfrac{V_2}{V_1} \times 1000} \qquad (2\text{-}7\text{-}2)$$

式中，x 为试样中亚硝酸盐的含量（mg/kg）；m 为试样质量（g）；A 为测定用样液中亚硝酸盐的质量（由标准曲线查得）（μg）；V_1 为试样处理液的总体积

（mL）；V_2 为测定用样液的体积（mL）。

思考题：

①饱和硼砂溶液的作用有哪些方面？
②除亚铁氰化钾溶液，还有哪些溶液可以作为蛋白质沉淀剂？

7.4　气相色谱法测定食品中有机磷农药的残留

7.4.1　实验原理

利用有机溶剂提取样品中残留的有机磷农药，再经液—液分配和凝结净化等步骤去除干扰物，浓缩定容后使用气相色谱的氮磷检测器（NPD）或火焰光度检测器（FPD）检测，根据色谱峰的保留时间定性，外标法定量。

7.4.2　试剂与器材

实验所需试剂包括乙腈、丙酮（须重蒸）、氯化钠、无水硫酸钠（在 140℃烘 4h 后放入干燥器中备用）；农药标准品速灭磷、甲拌磷、二嗪磷、水胺硫磷、甲基对硫磷、稻丰散、杀螟硫磷、异稻瘟净、溴硫磷、杀扑磷等，纯度为 95%～99%。同时还需配制农药标准储备液、农药标准中间溶液、农药标准工作液，配制方法如下。

①农药标准储备液：准确称取一定量的农药标准样品（精确至 0.1mg），以丙酮为溶剂，分别配制浓度为 0.5mg/mL 的速灭磷、甲拌磷、二嗪磷、水胺硫磷、甲基对硫磷、稻丰散，浓度为 0.7mg/mL 的杀螟硫磷、异稻瘟净、溴硫磷、杀扑磷储备液，放于冰箱中保存。

②农药标准中间溶液：准确量取一定量的上述 10 种储备液于 50mL 容量瓶中，用丙酮定容至刻度，配制成浓度为 50μg/mL 的速灭磷、甲拌磷、二嗪磷、水胺硫磷、甲基对硫磷、稻丰散，100μg/mL 的杀螟硫磷、异稻瘟净、溴硫磷、杀扑磷标准中间溶液。

③农药标准工作液：分别吸取上述标准中间溶液每种 10mL 于 100mL 容量瓶中，用丙酮定容至刻度，得混合标准工作液，放于冰箱中保存备用。

实验所需要的仪器有旋转蒸发仪、振荡器、万能粉碎机、组织捣碎机、真空泵、水浴锅、高速匀浆机、气相色谱仪（带 NPD 检测器或 FPD 检测器；载气为高纯氮气，纯度 > 99.99%；燃气为氢气；助燃气为空气）。

7.4.3 实验步骤

实验按照以下步骤开展。

第一，制备样品。对于粮食样品，取出有代表性的小麦、玉米、稻米等样品共 500g，用 40 目筛过滤后混合均匀，然后装入样品瓶中；至于果蔬类样品，则取 1000g 新鲜的可食用果蔬，均匀切碎后密封在塑料袋中。上述样品制备好后都要放入 −18℃ 的冷冻箱中保存备用。

第二，准确提取样品。称量 25g 样品放入匀浆机中，而后倒入 50mL 的乙腈，进入高速匀浆模式，2min 后用滤纸过滤，并将收集到的 40 ～ 50mL 滤液全部倒入装有 5 ～ 7g 氯化钠的 100mL 具塞量筒中，盖好盖子后用力振荡 1min，而后放在室温环境下 30min，观察到乙腈和水相分层即可。

第三，净化、浓缩样品。先从具塞量筒中抽取 10mL 提取液并注入 100mL 配有旋转蒸发仪的烧瓶中，随即将该烧瓶置于 45℃ 水浴上旋转蒸发，等到只剩 1 ～ 2mL 溶液时再停止水浴，随即通入空气缓缓吹干，再用 2mL 丙酮完全溶解，转移到 15mL 的刻度试管中，然后用大约 3mL 的丙酮冲洗烧瓶，三次后转移到离心管中，随即用丙酮定容到 5mL。在漩涡混合器上将上述几种溶液混合均匀，然后向 2 个 2mL 的样品中倾倒，以便进行色谱测定。若是定容之后样品溶液还较为浑浊，则需要先用 0.2μm 的滤膜过滤干净，再完成测定。

第四，利用气相色谱进行测定。

首先按照以下内容设置氮磷检测测定条件。

①色谱柱：石英弹性毛细管柱 HP-5，30m×0.32mm（i.d.）或相当者。

②检测器：NPD。

③检测温度：300℃。

④气体流速：氮气 3.5mL/min，氢气 3mL/min，空气 60mL/min，尾气（氮气）10mL/min。

⑤色谱柱温度：柱温采用程序升温方式，130℃ 保温 3min 后，以 5℃/min

升温至 140℃，在 140℃ 下保温 65min。

其次，设置火焰光度检测器测定条件，参考如下。

①色谱柱：石英弹性毛细管柱 DB-17，30m×0.53mm（i.d.）或相当者。

②检测器：FPD。

③进样口温度：200℃。

④检测器温度：300℃。

⑤气体流速：氮气 9.8mL/min，氢气 75mL/min，空气 100mL/min，尾气（氮气）10mL/min。

⑥色谱柱温度：柱温采用程序升温方式，150℃ 保温 3min 后，以 8℃/min 升温至 250℃，在 250℃ 下保温 10min。

再次，开始进样检测。可以利用微量进样器在不分流的情况下进样，进样量不超过 4μL，并且要保证标准品的进样体积等同于试样进样体积。若是一个标准样超过两次进样，则它的峰面积相对偏差不会高于 7%，也就可以认定仪器此时处于稳定的状态。

最后，分别进行定性分析与定量分析。组分出峰次序：速灭磷、甲拌磷、二嗪磷、异稻瘟净、甲基对硫磷、杀螟硫磷、水胺硫磷、溴硫磷、稻丰散、杀扑磷。检验可能存在的干扰，可采用双柱定性进行确证。吸取 1μL 混合标准溶液注入气相色谱仪中，记录色谱峰的保留时间和峰面积；再吸取 1μL 试样，注入气相色谱仪，记录色谱峰的保留时间和峰面积。根据色谱峰的保留时间和峰面积采用外标法定性和定量。

7.4.4　结果计算

实验结果按下式计算：

$$X = \frac{V_1 \times A \times V_3}{V_2 \times A_S \times m} \times \rho \qquad (2\text{-}7\text{-}3)$$

式中，X 为试样中被测农药残留量（mg/kg）；ρ 为标准溶液中农药的质量浓度（mg/L）；A 为样品溶液中被测农药的峰面积；A_S 为标准溶液中被测农药的峰面积；V_1 为提取溶剂总体积（mL）；V_2 为吸取出用于检测的提取溶液的体积（mL）；V_3 为样品溶液的最后定容体积（mL）；m 为试样质量（g）。计算结果保留 2 位有效数字，当结果大于 1mg/kg 时保留 3 位有效数字。

思考题：

①实验中使用的硫酸钠、氯化钠、活性炭和中性氧化铝各有什么作用？

②如何检验该实验方法的准确度？如何提高检测结果的准确度？

7.5 荧光光度法测定食品中的苯并芘

7.5.1 实验原理

样品经预处理后，首先利用有机溶液提取出样品，再通过液 — 液分配及色谱柱净化提取出的液体，随后在乙酰化滤纸上对苯并芘进行分离。由于苯并芘在受到紫外线照射后表面会显现蓝紫色荧光斑点，将分离之后的滤纸小心剪下浸泡于溶剂中再取出，然后用荧光分光光度计测定荧光的强度与标准比较定量。

7.5.2 试剂与器材

实验所使用的试剂主要有苯（重蒸馏）、环己烷（或石油醚，温度 30 ~ 60℃，重蒸馏或经氧化铝柱处理无荧光）、二甲基甲酰胺或二甲基亚砜、无水乙醇（重蒸馏）、95% 乙酸、无水酸钠、氢氧化钾、丙酮（重蒸馏）、展开剂 [95% 乙醇 — 二氯甲烷（2：1）]、层析用氧化铝（中性），以及以下需要配制的试剂。

①硅镁型吸附剂：将 60 ~ 100 目筛孔的硅镁吸附剂水洗 4 次（每次用水量为吸附剂质量的 4 倍），于垂熔漏斗上抽滤；再用等量的甲酸洗（甲酸与吸附剂量克数相等），抽滤干后吸附剂铺于干净瓷盘上，在 130℃ 干燥 5h 后，装瓶贮存于干燥器内，临用前加 5% 水减活，混匀并平衡 4h 以上。

②乙酰化滤纸：裁剪中速层析用滤纸，使之成为规整的 30cm×4cm 的条状，然后逐一放入盛着混有 180mL 苯、130mL 乙酰酐、0.1mL 硫酸的乙酰化混合液中，使滤纸纸条充分地浸泡溶液，期间保证溶液的温度高于 21℃，并且注意时刻搅拌，反应维持 6h，然后静置一晚。第二天取出滤纸，置于通风橱内，吹干后再放在垫着干净滤纸的瓷盘上，使其在室温内自然风干再压平整，备用。

③苯并芘标准贮备液：精密称取 10mg 苯并芘，用苯溶解后移入 100mL 棕色容量瓶中稀释至刻度，此溶液每毫升相当于苯并芘 100μg，置于冰箱中保存。

④苯并芘标准使用液：吸取 1mL 苯并芘标准贮备液于 10mL 容量瓶中。用苯稀释至刻度，同样反复用苯稀释，此溶液每毫升相当于 10μg 苯并芘及 0.1μg 苯并芘，两种标准液须放入冰箱中保存。

实验仪器包括脂肪提取器、层析柱、漏斗、下端活塞、层板缸（筒）、K-D全玻璃浓缩器、紫外光灯带、回流皂化装置、锥形瓶磨口处连接冷凝管、组织捣碎机、荧光分光光度计等。

7.5.3 实验步骤

实验按照以下步骤开展。

第一，提取样品。

①鱼、肉及其制品：取 50～60g 可食用部分，再均匀切碎、混合，将这些样品置于无水硫酸钠中搅拌，样品与无水硫酸钠的比例最好是 1∶1 或 1∶2。若是样品的水分过多，则还需要先用 60℃ 烘箱烘干。然后装入滤纸桶内，接上脂肪提取器并倒入 100mL 环己烷；使用 90℃ 水浴持续 6～8h。此后，再将提取液倒入 250mL 分液漏斗中，将滤纸筒用 6～8mL 环己烷淋洗干净，洗液也一起倒入分液漏斗中，反复用环己烷饱和过的二甲基甲酰胺提取 3 次，一次提取 40mL，并振摇漏斗 1min，将提取液合并起来，再用 40mL 已经受到二甲基甲酰胺饱和过的环己烷提取，随后去除环己烷层。合并完成后，提取液装入预先准备的内部含有 240mL 2% 硫酸钠溶液的 500mL 分液漏斗中，待液体混合均匀，等待数分钟后用环己烷从中提取两次，每次提取 100mL 并振摇 3min，而后将这些提取液合并在 500mL 分液漏斗中。用 40～50℃ 温水洗涤环己烷提取液 2 次，每次 100mL，振摇 30s，分层之后再除去水层，将环己烷层收集起来，最后在 50～60℃ 的水浴上一直浓缩到 40mL，再加入一定量的无水硫酸钠脱水。

②油脂类：称取 20～25g 混匀油样，用 100mL 环己烷分次洗入 250mL 分液漏斗中，以下自"以环己烷饱和过的二甲基甲酰胺提取 3 次"起，按①法操作。

③粮食及其制品：称取 40～60g 粉碎过 20 目筛的样品，装到滤纸筒中后，再将样品用 70mL 环己烷浸润，向接收瓶中依次装入 6～8g 氢氧化钾、100mL 95% 乙醇及 60～80mL 环己烷，随后接好脂肪提取器，置放在 90℃ 水浴上回流

提取 6～8h。而后迅速将还有热度的皂化液倒入 500mL 分液漏斗中，并从支管将滤纸筒中的环己烷倒入分液漏斗，用 50mL 的 95% 浓度乙醇洗涤接收瓶两次，向分液漏斗中倒入洗液，然后用 100mL 的水分两次洗涤接收瓶，并将洗液也并入漏斗，振摇 3min。静置 20min 后分层完成，将下层液放入第二个分液漏斗之中，再用 70mL 环己烷进行 3min 左右的振荡提取，分层后除去下层液，将提取液与第一个分液漏斗中的液体合并，而后用 6～8mL 环己烷淋洗第二个分液漏斗，合并洗液。合并完成后用水洗涤提取液 3 次，每一次洗涤 100mL，3 次后将水洗液合并到原本的第二个漏斗中，再用 30mL 环己烷提取 2 次，每次用振摇 30s 的方法提取，待到分层后，再收集环己烷层，将之与第一个分液漏斗中的液体合并，并置于 50～60℃ 水浴上，等浓缩到 40mL 时再向内加入一定量的无水硫酸钠脱水。

④酒类：啤酒、汽酒倒入烧杯中，搅拌，除去 CO_2 后，取 100mL；水果酒类可直接取 100mL；白酒果汁、果露等样品，再加入蒸馏水 50mL；各种饮料除去 CO_2 后取 100mL，取出的 100mL 样品置于 500mL 分液漏斗中，加入氯化钠 2g，振摇使之溶解（防止乳化），加入环己烷 50mL，振摇 1min，静段分层。将水层移入第 2 个分液漏斗中，再加环己烷 50mL，萃取一次，将环己烷合并一起，用水洗涤两次，每次 50mL，弃去水层，将环己烷移入蒸馏瓶中，于 75℃ 水浴上减压浓缩至 25mL 以下，加适量无水硫酸钠脱水。

⑤蔬菜：称取 100g 洗净、晾干的可食部分，切碎放入组织捣碎机内加 150mL 丙酮捣碎 2min，在小漏斗中，残渣用 50mL 丙酮分数次洗涤，洗液与滤液合并，加 100mL 水和 100mL 环己烷，振摇提取 2min，静止分层。环己烷层转入另 1 个 500mL 分液漏斗中，水层再用 100mL 环己烷分 2 次提取，环己烷提取液合并于第 1 个分液漏斗中，再用 250mL 水分 2 次振摇、洗涤，收集环己烷于 50～60℃ 水浴上减压浓缩至 25mL，加适量无水硫酸钠脱水。

第二，对样品进行净化处理。

①于层析柱下端填入少许玻璃棉，先装入 5～6cm 的氧化铝，轻敲管壁使氧化铝层填实，无空隙，顶面平齐；再同样装入 5～6cm 硅镁型吸附剂，上面再装入 5～6cm 无水硫酸钠，用 30mL 环己烷淋洗层析柱，待环己烷液面流下至无水硫酸钠层时关闭活塞。

②将样品环己烷提取液注入层析柱之后，立刻打开活塞，调整液体流速，如果有需要还可以用适当的方法进行加压，等到环己烷液面降到无水硫酸钠层，即刻用 30mL 苯洗脱。同时，利用紫外光灯进行观察，看到蓝紫色荧光物质从氧化

铝层上完全被洗下就停止；若是加入的苯不足，还可以适当增加其用量，并收集苯液放到 50 ～ 60℃ 水浴上进行浓缩。

第三，分离样品。

①首先，用铅笔在乙酰化滤纸条的一端约 5cm 处画出一条横线，此即起始线，待到吸收了一定量的净化后的浓缩液时，点到滤纸条上，然后用电吹风向纸条的背后吹出冷风，挥散溶剂，并且在上面点 20mL 苯并芘标准使用液，注意点出的斑点半径不能超过 1.5mm，随后将滤纸条下端 1cm 浸入位于层析筒内的展开剂，等到溶剂前沿到滤纸条上方 20cm 处及时取出，阴干。

②展开滤纸条，在 365nm 紫外光灯照射下仔细观察在上一步骤中画出的标准苯并芘及与其同一位置的样品蓝紫色斑点，随后小心剪裁下这些斑点，分别放入小比色管之中，各自加入 4mL 苯，盖上盖子后插入 50 ～ 60℃ 水浴中，有间隔地摇晃，共浸泡 15min 即可。

第四，对样品进行定性与定量测定。

①定性：将样品及标准斑点的苯浸出液移入荧光光度计的石英杯中，以 365nm 为激发光波长，以 365 ～ 460nm 波长进行荧光扫描，所得荧光光谱与标准苯并芘的荧光光谱比较定性。

②定量：样品分析的同时处理空白试剂，包括处理样品时所用的全部操作，分别取样品、标准及空白试剂在波长（406±5）nm 处测荧光强度，按基线法计算荧光强度。

7.5.4　结果计算

实验结果按照以下公式进行计算：

$$A = \frac{\dfrac{S}{F} \times (F_1 - F_2) \times 100}{m \times V_2 / V_1} \qquad (2\text{-}7\text{-}4)$$

式中，A 为样品中苯并芘的含量（μg/kg）；S 为苯并芘标准斑点的含量（μg）；F 为标准斑点浸出液的荧光强度；F_1 为样品斑点浸出液的荧光强度；F_2 为试剂空白浸出液的荧光强度；V_1 为样品缩液体积（mL）；V_2 为点样体积（mL）；m 为样品质量（g）。

思考题：

①试述苯并芘的产生途径及测定苯并芘的意义。

②测定苯并芘的其他方法有哪些？

7.6　食品中明矾含量的测定

7.6.1　实验原理

明矾又称白矾，是钾明矾的俗称，为无色透明坚硬的白色结晶粉末，无臭，味微甜，并有苦涩味，溶于水，在醇中不溶解。在酸性条件下，加入定量的乙二胺四乙酸二钠（EDTA）标准溶液，EDTA 与铝离子形成稳定的络合物，再调节溶液的 pH 至 5.5，用锌的标准溶液滴定多余的 EDTA 溶液，从而测得样品中铝的含量。

7.6.2　试剂与器材

实验需要的试剂主要包括 0.03mol/L EDTA 溶液、1∶1 氨水、pH 4.2 的醋酸钠缓冲溶液、pH 5.5 的六亚甲基四胺缓冲溶液、0.01mol/L 锌标准溶液、铝标准溶液、0.5% 二甲酚橙指示剂，部分试剂的配制方法如下。

① 0.03mol/L EDTA 溶液：称取 11.7g 乙二胺四乙酸二钠溶于热水，移入 1000mL 容量瓶中，并用水定容。

② pH 5.5 的六亚甲基四胺缓冲溶液：称取 200g 六亚甲基四胺于水中，加入 40mL 浓盐酸，用水稀释至 1000mL。

③ 0.01mol/L 锌标准溶液：准确称取金属锌（纯度大于 99.99%）0.6537g 于 100mL 烧杯中，用 1∶1 盐酸 20mL 溶解，待完全溶解后，蒸发至 2mL，移入 1000mL 容量瓶中，用水定容。

④铝标准溶液：准确称取 1.2582g 明矾溶解于水中，移入 1000mL 容量瓶中，用水定容。

实验使用的仪器有组织捣碎机、电炉等。

7.6.3 实验步骤

实验按照以下步骤开展。

第一，标定锌标准溶液与 EDTA 标准溶液的体积比。准确吸取 0.03mol/L EDTA 标准溶液 3mL 于 300mL 烧杯中，加水稀释至 100mL，加入二甲酚橙指示剂 1 滴，用 1：1 氨水调至溶液变红，再滴加 1：1 盐酸至溶液变黄，加入六亚甲基四胺缓冲溶液 20mL、二甲酚橙指示剂 2 滴，用 0.01mol/L 锌标准溶液滴至溶液由黄色变为酒红色。锌标准溶液相当于 EDTA 标准溶液的体积比 $K=3/V$。K 为 1mL 锌标准溶液相当于 EDTA 标准溶液的量；V 为滴定时所消耗锌标准溶液的量；数值 3 为吸取 EDTA 标准溶液的量。

第二，标定 EDTA 标准溶液对铝的滴定度。准确吸取铝标准溶液 10mL（含铝 0.1mg/mL）于 300mL 烧杯中，准确加入 0.03mol/L EDTA 标准溶液 4mL，加水稀释至 100mL，加二甲酚橙指示剂 1 滴，用 1：1 氨水调至溶液变红，再滴加 1：1 盐酸至溶液变黄后，过量 3 滴，此时 pH 为 4.2 左右，加入 10mL 醋酸钠缓冲溶液，加热煮沸 1min，冷却至室温，用 1：1 氨水中和至溶液变红，再用 1：1 盐酸调至溶液变黄（pH=5.5），加入六亚甲基四胺缓冲液 20mL、二甲酚橙指示剂 2 滴，用 0.01mol/L 锌标准溶液标定溶液由黄色变成酒红色。按照以下公式计算：

$$T = \frac{V_1 c}{V_2 - KV_3} \times \frac{474.09}{27} \qquad (2-7-5)$$

式中，T 为 1mL EDTA 标准溶液相当于明矾的量（mg）；V_1 为吸取铝标准溶液的量（mL）；V_2 为加入 EDTA 标准溶液的量（mL）；V_3 为回滴所消耗标准锌溶液的量（mL）；K 为 1mL 锌标准溶液相当于 EDTA 标准溶液的量；c 为 1mL 铝标准溶液的含铝量（mg/mL）。

第三，对样品进行测定。称取 20g 经混匀捣碎的样品于烧杯中，加水煮沸，过滤于 500mL 容量瓶中，冷却至室温后，用水定容。吸取 100mL 样品溶液于 300mL 烧杯中，准确加入 0.03mol/L EDTA 标准溶液 4mL（空白实验加 EDTA 标准溶液 3mL），加二甲酚橙指示剂 1 滴，用 1：1 氨水调至溶液变红，再滴加 1：1 盐酸至溶液变黄后，过量 3 滴，此时 pH 为 4.2 左右，加入 10mL 醋酸钠缓冲溶液，加热煮沸 1min（煮沸过程中若溶液变红，表明此溶液明矾含量过高，

EDTA溶液加得不够，还需补加），冷却至室温，用1：1氨水中和至溶液变红，再用1：1盐酸调至溶液变黄（pH 5.5），加入六亚甲基四胺缓冲液20mL、二甲酚橙指示剂2滴，用0.01mol/L锌标准溶液滴定溶液由黄色变成酒红色。

7.6.4 结果计算

实验结果按照以下公式计算：

$$明矾含量 = \frac{T \times (V_1 - V_2) \times (K - B)}{m \times 1000} \times 100\% \qquad (2-7-6)$$

式中，T 为 1mL EDTA 标准溶液相当于明矾的量（mg）；V_1 为加入 EDTA 标准溶液的量（mL）；V_2 为滴定时消耗锌标准溶液的量（mL）；K 为 1mL 锌标准溶液相当于 EDTA 标准溶液的量；m 为测定时吸取部分溶液相当于样品的质量（g）；B 为空白实验消耗 EDTA 标准溶液的量（mL）。

思考题：

①配位滴定中为什么要加入缓冲溶液？
②为什么通常使用乙二胺四乙酸二钠盐配制 EDTA 标准溶液，而不用乙二胺四乙酸？
③配位滴定法与酸碱滴定法相比，有哪些不同点？操作中应注意那些问题？

7.7 食品中糖精钠的含量测定

7.7.1 实验原理

在酸性条件下，样品中的糖精钠用乙醚提取分离后会与苯酚和硫酸在175℃作用，生成酚磺酞，与氢氧化钠反应产生红色溶液，因而可以与标准系列比较定量。

7.7.2 试剂与器材

实验主要使用的试剂有苯酚 — 硫酸溶液（1∶1）、200g/L氢氧化钠溶液、碱性氧化铝、液体石蜡、100g/L硫酸铜溶液、40g/L氢氧化钠溶液、盐酸溶液（1∶1）、乙醚（不含过氧化物）、无水硫酸钠，油浴温度设置为（175±2）℃。实验主要用到的仪器有分光光度计、色谱柱。

7.7.3 实验步骤

实验按照以下步骤开展。

第一，提取样品。

①饮料、汽水类样品的提取：取出10mL试样，若这些样品中含有二氧化碳，则必须先以加热的手段去除；如果这些样品中含有酒精，则可以向其中注入40g/L的氢氧化钠溶液使其呈碱性，再通过沸水浴加热除去酒精。将试样倒入100mL的分液漏斗中，向其中加入2mL 1∶1的盐酸，前后分三次用30mL、20mL和20mL的乙醚提取，而后合并这三次提取出的液体。随后，用5mL盐酸洗涤，除去水层。乙醚层可以借助无水硫酸钠脱水，使其中的乙醚挥发掉，最后向其内加入2mL乙醇溶解残渣，密封后保存。

②酱油、果汁、果酱类样品的提取：精准称量20g均匀试样，将之倒入100mL容量瓶中，向内加大约60mL水，再倒入20mL硫酸铜溶液，摇晃均匀，随即倒入4.4mL氢氧化钠溶液，加水到刻度后停止，再次摇晃均匀。最后，静置30min，将瓶中液体过滤到150mL分液漏斗中。

③固体果汁粉样品的提取：称取20g磨碎的均匀试样，置于200mL容量瓶中，加100mL水，加热使其溶解后放冷，以下按步骤②中自"倒入20mL硫酸铜溶液"起操作。

④糕点、饼干等样品的提取：取出25g的试样，将之放到专门用于透析的玻璃纸中，再放到大小适中的烧杯之中，向内倒入50mL 0.02mol/L氢氧化钠溶液，用玻璃棒搅拌调成糊状，而后扎紧玻璃纸口，再将其放到预先备好的盛有200mL 0.02mol/L氢氧化钠溶液的烧杯中，盖好后经过一夜透析，量取125mL透析液（相当于12.5g样品），加约0.4mL盐酸（1∶1）使透析液呈中性，加20mL 100g/L硫酸铜溶液，混匀，再加4.4mL 40g/L氢氧化钠溶液，混匀，静置

30min，过滤。取 120mL 滤液（相当于 10g 样品），置于 250mL 分液漏斗中，以下按步骤①中自"加入 2mL 1 : 1 的盐酸"起操作。

第二，对样品进行测定。取出一定量的含有糖精钠的样品乙醚提取液，在蒸发皿中用水浴法慢慢蒸发，待到只剩 10mL 时转移到 100mL 比色管中，等到乙醚挥发至干，将其放入 100℃ 干燥箱中，等待 20min，取出后向其中加入 5mL 苯酚—硫酸溶液，在这个过程中充分旋转，使溶液与管壁充分接触。而后放到 175℃ 的干燥箱中加热 2h（注意一定要在温度达到 175℃ 后再开始计时），小心加入 20mL 水，摇匀后再倒入 10mL 氢氧化钠溶液，再加水 100mL，摇匀。借助 5g 碱性氧化铝柱分离色谱，并接收流出液。最后，使用 1cm 比色皿，将乙醚空白管作为零管，在波长 558nm 处测定液体吸光度。

第三，绘制标准曲线。

①配制糖精钠标准溶液：精密称取未风化的糖精钠 0.1g，加 20mL 水溶解后转入 125mL 分液漏斗中，并用 10mL 水洗涤容器，洗液转入分液漏斗中，加盐酸（1 : 1）使其呈强酸性，用 30mL、20mL、20mL 乙醚分三次振摇提取，每次振摇 2min。将三次乙醚提取液均经同一滤纸上装有 10g 无水硫酸钠的漏斗脱水滤入 100mL 容量瓶中，再用少量乙醚洗涤滤器，洗液并入容量瓶中并稀释至刻度，混匀。此溶液每毫升相当于 1mg 糖精钠。

②进行标准曲线的绘制：取上述标准溶液 0.2mL、0.4mL、0.6mL、0.8mL，分别置于 100mL 比色管或 100mL 锥形瓶中，另取 50mL 乙醚，置于 100mL 比色管或 100mL 锥形瓶中，在水浴上缓缓蒸发至干，为试剂空白管。将标准管与乙醚空白管置于 100℃ 干燥箱中 20min，以下按第二步自"加入 5mL 苯酚—硫酸溶液"起操作，绘制标准曲线。

7.7.4 结果计算

实验结果按照以下公式进行计算：

$$x = \frac{(A_1 - A_2) \times 1000}{m \times \frac{V_2}{V_1} \times 1000} \qquad (2\text{-}7\text{-}7)$$

式中，x 为样品中糖精钠的含量（g/kg 或 g/L）；A_1 为测定用溶液中糖精钠的质量（由标准曲线查得）（mg）；A_2 为空白溶液中糖精钠的质量（由标准曲线查得）（mg）；m 为样品质量或体积（g 或 mL）；V_1 为样品乙醚提取液的总体积（mL）；V_2 为比色用样品乙醚提取液的体积（mL）。

思考题：

①食品中糖精钠的检测原理是什么？

②样品预处理时用 HCl 酸化的目的是什么？

第三部分
探究性综合实验

　　在了解食品基本成分性质的基础上，探讨这些性质变化的条件和影响因素是食品化学实验的重要内容。本部分为探究性综合实验，具体对食品当中的天然色素、食品颜色以及食品风味的变化展开探究性实验。

课件资源

1 食品中天然色素的稳定性及其影响因素

食品中的天然色素有叶绿素、花青素等，其稳定性与多种因素有关，以下将分别对其开展实验。

1.1 叶绿素的稳定性影响因素分析

1.1.1 实验原理

能够进行光合作用的生物体内都含有叶绿素这类绿色色素，而高等植物当中的叶绿素通常还分为 a、b 两种。两种叶绿素共存于生物体内，由四个吡咯环组成的一个咔啉环和一个叶绿醇的侧链组成其分子结构。叶绿素不溶于水，易溶于丙酮、石油醚、正己烷等有机溶剂，因而可用有机溶剂提取叶绿素，并在一定波长下测定叶绿素溶液的吸光度，再利用 Arnon 公式计算叶绿素含量。同时，叶绿素对热、光、酸等不稳定，在加工和储藏中很容易被破坏，因此，需要采取护色方法减少其变化。常用的护色方法有烫漂，灭酶，排除组织中的氧以防止氧化，加入 Cu^{2+}、Fe^{2+}、Zn^{2+} 等离子，添加叶绿素铜钠，低温、冷冻干燥脱水，低温、避光储藏等。

1.1.2 试剂与器材

实验所需的试剂包括丙酮溶液（80%）、碳酸钙、硫酸铜溶液（0.1mol/L）、硫酸锌溶液（0.1mol/L）、硫酸亚铁溶液（0.1mol/L）、亚硫酸钠溶液（0.1mol/L）、氢氧化钠溶液（0.1mol/L）、盐酸溶液（0.1mol/L）。试剂的配制方法如下。

①丙酮溶液（80%）：量取 800mL 丙酮，加入 200mL 水，混匀。

②硫酸铜溶液（0.1mol/L）：称取 24.97g 五水合硫酸铜，用水溶解并稀释至

100mL。

③硫酸锌溶液（0.1mol/L）：称取 28.76g 七水合硫酸锌，用水溶解并稀释至 100mL。

④硫酸亚铁溶液（0.1mol/L）：称取 27.8g 七水合硫酸亚铁，用水溶解并稀释至 100mL

⑤亚硫酸钠溶液（0.1mol/L）：称取 12.6g 亚硫酸钠，用水溶解并稀释至 100mL。

⑥氢氧化钠溶液（0.1mol/L）：称取 4g 氢氧化钠，用水溶解并稀释至 100mL。

⑦盐酸溶液（0.1mol/L）：量取 9mL 浓盐酸，用水稀释至 1000mL。

实验使用到的仪器有分光光度计、电子天平、恒温水浴锅、容量瓶、研钵、漏斗、移液管、具塞刻度试管、滴管、滤纸、试管架等。实验选用的样品材料有菠菜、油菜等。

1.1.3　实验步骤

实验可按照以下步骤开展。

第一，提取叶绿素。准确称取 1g 蔬菜样品于研钵中，加入少许碳酸钙（约 0.5g），充分研磨成匀浆，加入 80% 丙酮溶液研磨后，将上清液转入 100mL 容量瓶中，再用 80% 丙酮分几次洗涤研钵和残渣，并转入容量瓶中，用 80% 丙酮定容至 100mL。充分振摇后，用滤纸过滤。

第二，分析酸、碱对叶绿素稳定性的影响。取 3 个 15mL 具塞刻度试管，各加入 5mL 叶绿素提取液，再分别加入 0.4mL 的蒸馏水、盐酸溶液和氢氧化钠溶液，混匀，观察并记录提取液的颜色变化情况，用 80% 丙酮调整零点，以 1cm 比色皿在 652nm 波长下测定其吸光度。

第三，分析光照对叶绿素稳定性的影响。取 2 个 15mL 具塞刻度试管，各加入 5mL 叶绿素提取液，一个置于太阳光下照射 1h，1 个在避光处放置 1h，取出后用丙酮补充体积至 5mL，观察并记录提取液的颜色变化情况，用 80% 丙酮调整零点，以 1cm 比色皿在 652nm 波长下测定其吸光度。

第四，分析温度对叶绿素的影响。取 4 个具塞刻度试管，分别加入 5mL 叶绿素提取液，1 个在常温下放置，另外 3 个分别在 40℃、60℃ 和 80℃ 的水浴中加热 5min，冷却至室温，加丙酮补充体积至 5mL，静置或过滤，待上清液澄清后，观察并记录提取液的颜色变化情况，并在 652nm 波长下测定其吸光度。

第五，开展护绿试验。取 5 个 15mL 具塞刻度试管，在各管中加入 5mL 叶绿素提取液，再分别加入 1mL 的蒸馏水、亚硫酸钠溶液、硫酸锌溶液、硫酸铜溶液和硫酸亚铁溶液，混匀。60℃ 水浴中保温 1h 取出，冷却至室温，静置或过滤，待上清液澄清后，观察并记录提取液的颜色变化情况，用 80% 丙酮调整零点，在 652nm 波长下测定其吸光度。

第六，对叶绿素进行测定。取滤液分别于 645nm、663nm 和 652nm 波长下，以 80% 丙酮调整零点，以 1cm 比色皿测定其吸光度并计算溶液的浓度。吸光度在 0.2 ~ 0.7 范围为最佳，当试样溶液的吸光值大于 0.7 时，可用 80% 丙酮稀释到适当浓度，然后记录测定数据。

1.1.4　结果计算

样品中叶绿素的总量以及 a、b 两种叶绿素含量的计算按照以下公式（Arnon 公式）进行：

$$X = \frac{20.21 \times A_{645nm} + 8.02 \times A_{663nm}}{m \times 1000} \times V \tag{3-1-1}$$

$$X_a = \frac{12.7 \times A_{636nm} - 2.69 \times A_{645nm}}{m \times 1000} \times V \tag{3-1-2}$$

$$X_b = \frac{22.9 \times A_{645nm} - 4.68 \times A_{663nm}}{m \times 1000} \times V \tag{3-1-3}$$

如果只测定总叶绿素含量，可测定 652nm 波长下的吸光度，并按照下式计算：

$$X = \frac{A_{652nm} \times V}{m \times 34.5} \tag{3-1-4}$$

式中，X 为叶绿素总含量（mg/g）；X_a 为叶绿素 a 含量（mg/g）；X_b 为叶绿素 b 含量（mg/g）；m 为样品质量（g）；V 为叶绿素提取液体积（mL）。

思考题：

①叶绿素在酸、碱介质中稳定性如何？

②不同处理的护色效果有何不同？

③日常生活中炒青菜时，若加水熬煮时间过长，或加锅盖，或加醋，所炒青

菜为什么容易变黄？如何才能炒出一盘鲜绿可口的青菜？

1.2 花青素的稳定性影响因素分析

1.2.1 实验原理

植物中存在一种重要的水溶性色素 —— 花青素。这种色素会受到环境变化的影响而变换颜色，从而使植物呈现出鲜艳的色彩。影响花青素稳定性的因素有很多，如 pH、氧化剂、酶、金属离子、糖、温度、光照等。花青素提取液在紫外与可见光区域均具较强吸收性，紫外区最大吸收波长在 270nm 左右，可见光区域最大吸收波长在 500 ～ 550nm 范围。实验通过设计几种影响花青素变色的主要因素，了解其变色的规律及原因。

1.2.2 试剂与器材

实验使用到的试剂包括氢氧化钠溶液（1mol/L）、抗坏血酸溶液（20g/L）、氯化铁溶液（1mol/L）、氯化铜溶液（1mol/L）、氯化镁溶液（1mol/L）、氯化铝溶液（1mol/L）、冰乙酸、果糖、木糖、亚硫酸氢钠。所需试剂按照以下方法进行配制。

①氢氧化钠溶液（1mol/L）：称取 4g 氢氧化钠，用水溶解并稀释至 100mL。

②抗坏血酸溶液（20g/L）：称取 2g 抗坏血酸，用水溶解并稀释至 100mL。

③氯化铁溶液（1mol/L）：称取六水合氯化铁 27.03g，用水溶解并稀释至 100mL。

④氯化铜溶液（1mol/L）：称取二水合氯化铜 17.05g，用水溶解并稀释至 100mL。

⑤氯化镁溶液（1mol/L）：称取六水合氯化镁 20.33g，用水溶解并稀释至 100mL。

⑥氯化铝溶液（1mol/L）：称取六水合氯化铝 24.14g，用水溶解并稀释至 100mL。

实验需要用到的仪器设备有紫外可见分光光度计、组织捣碎机、酸度计、水浴锅、试管、烧杯、移液管、量筒等。实验选用的样品材料为带颜色的植物，如紫甘蓝、桑葚、茄子、玫瑰花、玫瑰茄等。

1.2.3 实验步骤

实验按照以下步骤进行。

第一，对样品进行处理。新鲜植物样品去老叶或蒂后，用捣碎机捣碎，称取匀浆后的样品 10g，加 100mL 蒸馏水浸提 30min，过滤后取滤液备用。干燥的样品用 80℃ 蒸馏水浸泡提取。

第二，测定、分析不同处理对花青素颜色的影响。

①酸碱度对花青素颜色的影响：取试管 2 支，分别加入 5mL 样品提取液，用 pH 试纸测试其酸碱度，然后逐滴加入 1mol/L 氢氧化钠溶液，观察颜色变化并记录。然后分别向各试管中滴加冰乙酸，观察颜色变化并记录。对处理后的溶液进行适当稀释，利用紫外可见分光光度计进行波长扫描，分析最大吸收波长的转移特点，并分析其产生的原因。

②亚硫酸盐对花青素颜色的影响：取样品提取溶液 5mL，加入少许亚硫酸氢钠，摇匀，观察色泽变化并记录。也可按照检测酸碱度对花青素颜色影响的方法进行扫描分析，结合不同吸收波长的变化和最大吸收波长下吸光度的变化进行对比分析。

③抗坏血酸对花青素颜色的影响：取样品提取液 5mL 加几滴抗坏血酸溶液，摇匀，观察溶液颜色变化并记录。

④金属离子对花青素颜色的影响：取试管 4 支，分别加入样品提取液 5mL，再向各试管中分别滴加 3 滴氯化铜溶液、氯化镁溶液、氯化铁溶液和氯化铝溶液，振摇，观察并记录颜色的前后变化。

⑤温度对花青素颜色的影响：取试管 4 支，各加入样品提取液 5mL，分别在室温、40℃、60℃ 和 80℃ 水浴上加热 15 ～ 20min，观察颜色的前后变化，并用分光光度计测定加热前后 500nm 吸光度的变化。

⑥糖对花青素颜色的影响：取试管 2 支，分别加入样品提取液 5mL，向各试管中分别加果糖、木糖等少许，摇匀，沸水浴中加热，观察其颜色的变化并记录。

1.2.4　结果分析

列表记录以上各种处理方式下花青素颜色的变化及吸收波长的变化，并分析原因，得出结论。

思考题：

①实验过程中哪一种因素对花青素的影响最大？为什么？

②花青素的性质如何？在加工过程中含花青素样品的护色有什么方法？

2 食品色变的实验分析

食品中的一些成分会受到各种因素的影响而发生化学反应，从而使食品产生颜色变化。以下就将开展关于食品色变的实验分析。

2.1 美拉德反应影响因素分析

美拉德反应又被称为羰氨反应。该反应是引发食品非酶褐变的主要原因。很多加工食品的色泽与风味都源自美拉德反应，其对于调味品生产十分重要。在香精领域中，美拉德反应技术的应用突破了传统香精调配与生产工艺的束缚，可以算是一种新型的香精香料生产技术，目前主要应用于肉类香精与烟草香精生产，能够使人工合成的香精拥有更加接近天然肉类香精的逼真效果，是传统调配技术难以媲美的，对食品加工生产有着特殊价值。又因为美拉德反应及其产物都可以看作天然的，国际权威机构也将这些香精认定为"天然的"，这使之受到了广泛关注。美拉德反应涉及十分复杂的化学反应过程，无论是反应过程还是产物性质、结构，都受到氨基酶、糖种类、时间以及金属离子的影响。通过控制原材料、温度及加工方法，可制备各种不同风味、香味的物质，如核糖分别与半胱氨酸及谷胱甘肽反应后会分别产生烤猪肉香味和烤牛肉香味。相同的反应物在不同的温度下反应后，产生的风味也不一样。例如，葡萄糖和缬氨酸分别在100℃、150℃及180℃温度条件下反应，会分别产生烤面包香味和巧克力香味；木糖和酵母水解蛋白分别在90℃及160℃反应，会分别产生饼干香味和酱肉香味。加工方法不同，同种食物产生的香气也不同。比如，土豆经水煮可产生125种香气，而经烘烤可产生250种香气；大麦经水煮可产生75种香气，经烘烤可产生150种香气。本实验将探讨温度、加热时间、pH等几个因素对美拉德反应的影响，希望能为食品加工提供有益的理论依据。

2.1.1　实验原理

美拉德反应的进行需要在中等水分活度的条件下，其反应的初级产物会和亚硫酸盐发生加成反应，中间产物则会在近紫外区域被强烈吸收，而重要中间产物羟甲基糠醛在 280～290nm 具有强烈的紫外吸收性。因此，可利用比色法来分析测定美拉德反应的强弱及其影响因素。

2.1.2　试剂与器材

实验使用的试剂主要有5%葡萄糖溶液、5%蔗糖溶液、5%麦芽糖溶液、5%可溶性淀粉溶液、5% D- 木糖溶液、5%甘氨酸溶液、5%赖氨酸溶液、5%酪氨酸溶液、亚硫酸氢钠、2%盐酸溶液、1mol/L 氢氧化钠溶液。实验所需的仪器设备为蒸发皿、滴管、坩埚、玻璃棒、721型分光光度计、电子天平、恒温水浴锅、电炉。实验主要选用的样品材料为可溶性淀粉。

2.1.3　实验步骤

实验按照以下步骤进行。

第一，测定和分析不同种类的糖对美拉德反应速度的影响。取 5 个坩埚，编号 1～5，分别加入以下溶液。

1 号坩埚加入 2.5mL 5%葡萄糖溶液和 2.5mL 5%甘氨酸溶液；2 号坩埚加入 2.5mL 5%蔗糖溶液和 2.5mL 5%甘氨酸溶液；3 号坩埚加入 2.5mL 5%麦芽糖溶液和 2.5mL 5%甘氨酸溶液；4 号坩埚加入 2.5mL 5%可溶性淀粉溶液和 2.5mL 5%甘氨酸溶液；5 号坩埚加入 2.5mL 5% D-木糖溶液和 2.5mL 5%甘氨酸溶液。

分别加入溶液后，使溶液混匀，并将 5 个坩埚同时放在电炉上加热，比较褐变出现的先后和色泽深浅，同时嗅其风味。

第二，测定和分析不同氨基酸种类对美拉德反应速度的影响。取 3 个坩埚，编号 1～3，分别加入以下溶液。

1 号坩埚加入 2.5mL 5% 的甘氨酸溶液和 2.5mL 5%葡萄糖溶液，摇匀；2 号坩埚加入 2.5mL 5% 的赖氨酸溶液和 2.5mL 5%葡萄糖溶液，摇匀；3 号坩埚加入 2.5mL 5% 的酪氨酸溶液和 2.5mL 5%葡萄糖溶液，摇匀。

将 3 个坩埚同时放在电炉上加热，比较褐变出现的先后和色泽深浅。

第三，测定和分析不同环境条件对美拉德反应速度的影响。取 5 个坩埚，编号 1 ～ 5，分别进行以下操作。

1 号坩埚加入 2.5mL 5% 的甘氨酸溶液和 2.5mL 5% 葡萄糖溶液，摇匀后于室温下放置；2 号坩埚加入 2.5mL 5% 的甘氨酸溶液和 2.5mL 5% 葡萄糖溶液，摇匀；3 号坩埚加入 2.5mL 5% 的甘氨酸溶液和 2.5mL 5% 葡萄糖溶液，再加入 0.1 ～ 0.2g 亚硫酸氢钠，摇匀使其溶解。将 2、3 号坩埚同时放在电炉上加热，观察其褐变出现的先后和色泽的深浅。

4 号坩埚加入 2.5mL 5% 的甘氨酸溶液和 2.5mL 5% 葡萄糖溶液，滴加 2% 盐酸溶液数滴，使 pH 在 2 左右，摇匀；5 号坩埚加入 2.5mL 5% 的甘氨酸溶液和 2.5mL 5% 葡萄糖溶液，滴加 1mol/L 氢氧化钠溶液，使 pH 在 8 左右，摇匀。将 4、5 号坩埚同时放在电炉上加热，观察其色泽的变化。

2.1.4　结果分析

观察并记录实验过程中产生的变化，最后分析得出结论。

思考题：

①不同因素对美拉德反应的影响是怎样的？
②美拉德反应在日常烹制食品的过程中有什么作用？

2.2　淀粉酶促反应影响因素分析

2.2.1　实验原理

酶促反应的发生受多种因素的影响，诸如底物浓度、酶浓度、pH、温度、激活剂、抑制剂等因素，均会对酶促反应的反应速率产生影响。❶ 从 pH 来看，

---

❶　孟令波．应用微生物学原理与技术 [M]．重庆：重庆大学出版社，2021：27.

酶在其最适 pH 的时候，产生的酶促反应速率最大。不同酶的最适 pH 不同，如唾液淀粉酶的最适 pH 约为 6.8。从温度来看，酶在其最适温度环境下，产生的酶促反应速率最大。大多数动物酶的最适温度为 37 ~ 40℃，植物酶的最适温度为 50 ~ 60℃。从激活剂和抑制剂来看，激活剂能够提高酶的活力，加快酶促反应速率，而抑制剂会降低酶的活力，放缓酶促反应速率。

唾液淀粉酶可催化淀粉水解。淀粉在遇到碘后会变为蓝色，而淀粉水解产物糊精的分子大小有差异，遇到碘后则可能变为蓝色、紫色、红色或暗褐色。其中，最简单的糊精遇到麦芽糖后不会变色。在不同的条件下，唾液淀粉酶催化水解淀粉的程度可以通过其混合物与碘发生反应后所呈现的颜色进行判断。

本实验以唾液淀粉酶为例，研究 pH、温度、激活剂、抑制剂对酶活力的影响，以氯化钠和硫酸铜分别作为激活剂和抑制剂，观察酶的激活和抑制，并用硫酸钠作对照，测定酶最适条件。

2.2.2 试剂与器材

实验使用到的试剂主要有 1% 氯化钠溶液、1% 硫酸铜溶液、1% 硫酸钠溶液，以及以下需要提前配制的试剂。

① 0.5% 淀粉溶液：称取可溶性淀粉 0.5g，先用少量 0.3% 氯化钠溶液加热调成糊状，再用热的 0.3% 氯化钠溶液稀释定容至 100mL。

② 0.2mol/L 磷酸氢二钠溶液：称取七水磷酸氢二钠 53.65g（或十二水磷酸氢二钠 71.7g），溶于少量蒸馏水中，移入 1000mL 容量瓶，加蒸馏水到刻度。

③ 0.1mol/L 柠檬酸溶液：称取含一个水分子的柠檬酸 21.01g，溶于少量蒸馏水中，移入 1000mL 容量瓶，加蒸馏水至刻度。

④ 碘化钾—碘溶液：将 20g 碘化钾及 10g 碘溶于 100mL 水中，使用前稀释 10 倍。

⑤ 0.1% 淀粉溶液：称取可溶性淀粉 0.1g，先用少量水加热调成糊状，再加热水稀释定容至 100mL。

⑥ 稀释 200 倍的新鲜唾液：在漏斗内塞入少量脱脂棉，下接洁净试管；漱口后收集、过滤唾液；取滤液 0.5mL 放入锥形瓶内，加蒸馏水稀释定容至 100mL，充分混匀。

实验使用到的仪器设备有恒温水浴锅、试管、试管架、锥形瓶（50mL 或 100mL）、容量瓶（100mL、1000mL）、吸量管（1mL、2mL、5mL、10mL）、滴管、冰箱、漏斗、量筒、秒表、白瓷板、pH 试纸。

2.2.3 实验步骤

实验按照以下步骤进行。

2.2.3.1 研究 pH 对酶活力的影响

第一，取出 5 个 50mL 的锥形瓶，按表 3-2-1 的比例，用吸量管准确添加 0.2mol/L 磷酸氢二钠溶液和 0.1mol/L 柠檬酸溶液，制备 pH 为 5～8 的 5 种缓冲液。

表 3-2-1　pH 影响酶活力的缓冲液比例

锥形瓶号	0.2mol/L 磷酸氢二钠溶液体积 /mL	0.1mol/L 柠檬酸溶液体积 /mL	缓冲液 pH
1	5.15	4.85	5.0
2	6.31	3.69	6.0
3	7.72	2.28	6.8
4	9.36	0.64	7.6
5	9.72	0.28	8.0

第二，拿出 6 支干燥试管，一一编号，再从上述 5 个锥形瓶中各自抽取 3mL 不同 pH 的缓冲液，将其放入对应编号的干燥试管。而后，依次向每支干燥试管内注入 2mL 0.5% 淀粉溶液。其中，3 号管与 6 号试管中的溶液相同。

第三，向 6 号试管中加入已经被稀释了 200 倍的唾液 2mL，轻摇试管使之均匀，随后置于 37℃ 恒温水浴锅中保持其温度。每间隔 1min 就从 6 号试管中取出 1 滴融合液，静置在白瓷板上，并加入 1 滴碘化钾—碘溶液以检测淀粉水解的程度。等到检验结果呈现橙黄色，就可以从锅中取出试管，最后详细记录下保温总时间。

第四，按照 1min 的间隔，按照编号次序向前 5 支试管中加入 2mL 被稀释了 200 倍的唾液，摇晃均匀后每隔 1min 就向 37℃ 恒温水浴锅中放入 1 支试管。随即按照上一步骤记录的 6 号试管保温时间，依照顺序取出 1～5 号试管，同时迅速向试管中加入 2 滴碘化钾—碘溶液。摇匀后仔细观察每个试管中呈现出的颜色，据此判断出处于不同 pH 下的淀粉被水解程度，同时还可以找到 pH 带给唾液淀粉酶活力的影响，从而确定其最适 pH。

2.2.3.2　研究温度对酶活力的影响

取试管 3 支，编号后按表 3-2-2 的数据加入试剂。

表 3-2-2　温度影响酶活力

试管号	0.5% 淀粉溶液体积 /mL	稀释唾液体积 /mL	煮沸过的稀释唾液体积 /mL
1	1.5	1.0	—
2	1.5	1.0	—
3	1.5	—	1.0

将试管内的试剂摇匀后，将 1、3 号试管放入 37℃ 恒温水浴锅中，2 号试管放入冰水中。10min 后取出（将 2 号管内液体均分为两份），用碘化钾—碘溶液检验 1、2、3 号试管内淀粉被唾液淀粉酶水解的程度，记录结果并解释。将 2 号试管剩下的一半溶液放入 37℃ 水浴中继续保温 10min，再用碘化钾—碘溶液检验，观察结果并记录。

2.2.3.3　研究激活剂和抑制剂对酶活力的影响

取出 4 支试管并按 1～4 进行编号，按照表 3-2-3 的数据分别加入对应的试剂材料。

表 3-2-3　激活剂和抑制剂影响酶活力

试管号	试剂加入量 /mL					
	0.1% 淀粉溶液	0.1% 氯化钠溶液	0.1% 硫酸铜溶液	0.1% 硫酸钠溶液	水	1：200 唾液
1	2.0	1.0	—	—	—	1.0
2	2.0	—	1.0	—	—	1.0
3	2.0	—	—	1.0	—	1.0
4	2.0	—	—	—	1.0	1.0

将试管内的试剂摇匀，放入 37℃ 恒温水浴锅中进行保温，每隔 2min 取液体 1 滴置白瓷板上，用碘化钾—碘溶液检验，观察哪支试管内液体最先不呈现蓝色，哪支试管次之，说明原因。

2.2.4　结果分析

观察以上实验的结果，分析总结并得出结论。

思考题：

①淀粉酶促反应的影响因素有哪些？
②不同因素对淀粉酶促反应的影响是怎样的？

2.3　漂烫和 pH 对果蔬颜色的影响

2.3.1　实验原理

果蔬等植物的色素，在受到温度或 pH 变化的情况下会发生变化，尤其是叶绿素和花青素两种色素。具体来说，在 pH 呈正常酸性时，这些色素的颜色保持在正常状态，而 pH 升高或降低，这些色素就会发生改变，在加热情况下同样如此。

2.3.2　试剂与材料

本实验主要使用到以下试剂与材料：100mL 1mol/L 氢氧化钠、10mL 醋、10mL 葡萄汁、50mL 草莓汁、125g 冷冻豌豆、25g 罐装豌豆。

2.3.3　实验步骤

实验按照以下步骤进行。

2.3.3.1　测定漂烫和 pH 对叶绿素的影响

第一，将 150mL 去离子水煮沸，加入约 25g 冷冻豌豆，待水温升高至沸腾温度后保持 7min，然后将样品移出放入烧杯中，编号样品 1。

第二，取 150mL 去离子水，向其中加入 10mL 醋，测定溶液的 pH，将溶液煮沸，加入约 25g 冷冻豌豆，加热至水温沸腾，保持 7min，然后将样品移出放入烧杯中，编号样品 2。

第三，取 150mL 去离子水，向其中加入 10mL 1mol/L 氢氧化钠，测定溶液的 pH，将溶液煮沸，加入约 25g 冷冻豌豆，加热至水温沸腾，保持 7min，然后将样品移出放入烧杯中，编号样品 3。

第四，取 25g 冷冻豌豆放入 150mL 去离子水和 10mL 醋混合而成的冷溶液中，保持 7min，不做加热处理，编号样品 4。

第五，取 25g 冷冻豌豆放入 150mL 去离子水和 2g 碳酸氢钠混合而成的冷溶液中，不做加热处理，编号样品 5。

第六，取一个空烧杯，向其中加入 25g 罐装豌豆，编号样品 6。

第七，对比所有样品的颜色及质构。

2.3.3.2 测定漂烫和 pH 对花青素的影响

第一，将 10mL 葡萄汁与 90mL 蒸馏水混合，测定溶液的 pH，再取 5～10mL 溶液放入试管，编号样品 1。

第二，用 1mol/L 氢氧化钠调节剩余溶液的 pH 至 5.0，取 5～10mL 溶液放入试管中，编号样品 2。

第三，用 1mol/L 氢氧化钠调节剩余溶液的 pH 至 7.0，取 5～10mL 溶液放入试管中，编号样品 3。

第四，用 1mol/L 氢氧化钠调节剩余溶液的 pH 至 10.0，取 5～10mL 溶液放入试管中，编号样品 4。

第五，对比所有样品，观察颜色的变化。

第六，将 50mL 葡萄汁与 50mL 蒸馏水混合，以及用草莓汁代替葡萄汁，重复以上步骤。

2.3.4 结果分析

对比以上结果，分析总结得出结论。

思考题：

①pH 引起果蔬颜色变化的原理是什么？

②影响果蔬颜色的因素还有哪些？

3　食品风味变化的实验分析

食品风味的变化是由多种因素引起的，除了加热等因素的影响，食品中脂肪的酸败也会引起食品风味的变化。以下将通过具体实验分别进行探讨。

3.1　氨基酸种类对美拉德反应风味和颜色的影响

3.1.1　实验原理

在加热作用下，还原糖与氨基酸会发生反应，产生类黑素，使食品的风味和颜色发生变化，这种反应称为羰氨反应，也叫作美拉德反应。[●] 本实验即通过焦糖的制备及羰氨反应，分析不同种类氨基酸对食品风味和颜色的影响。

3.1.2　试剂与器材

实验需要的材料与试剂有酱油、葡萄糖、甘氨酸、赖氨酸、谷氨酸钠、盐酸、氢氧化钠。

实验使用到的仪器设备包括容量瓶（100mL、250mL）、烧杯（50mL、200mL）、移液管（1mL、2mL、5mL、10mL）、量筒（10mL、50mL、100mL）、试管（10mL）、试管及试管架、蒸发皿、滴管、玻璃棒、玻璃漏斗、研钵、721型分光光度计、电子天平、恒温水浴锅、电炉等。

3.1.3　实验步骤

实验按照以下步骤进行。

[●]　汪东风. 食品科学实验技术 [M]. 北京：中国轻工业出版社，2006：38-39.

第一，制备焦糖。

①称取葡萄糖 25g 放入蒸发皿中，加入 1mL 蒸馏水，在电炉上加热到 150℃ 左右关掉电源，温度上升至 190～195℃，恒温 10min 左右，呈褐色，稍冷后，加入少量蒸馏水溶解，冷却后定容至 250mL，即得 10% 的焦糖溶液 a。

②另称葡萄糖 25g 放入蒸发皿中，加入 1mL 蒸馏水，在电炉上加热到 150℃ 左右关掉电源，加 1mL 酱油再加热至 180℃ 左右并恒温 10min，呈褐色，稍冷后，加入少量水溶解，冷却后定容至 250mL，即得 10% 的焦糖溶液 b。

③取 3 支试管，加入 10% 葡萄糖溶液和 10% 谷氨酸钠溶液各 2mL。第一支试管加 10% 盐酸 2 滴，第二支试管加 10% 氢氧化钠 2 滴，第三支试管加蒸馏水 2 滴。将上述试管同时放入沸水浴中加热至沸腾。

④取 3 支试管，各试管均加入 10% 葡萄糖溶液 2mL，第一支试管加 10% 甘氨酸 2mL，第二支试管加 10% 赖氨酸 2mL，第三支试管加 10% 甘氨酸和赖氨酸各 1mL。将上述试管同时放入沸水浴中加热片刻。

第二，对制得的溶液进行检测。

吸取 10% 焦糖溶液 a 和 b 各 10mL，用蒸馏水稀释至 100mL，得 1% 的焦糖溶液。吸取上述 1% 的焦糖溶液，用分光光度计在 520nm 处测定吸光度变化值。观测并记录不同氨基酸对颜色与风味的影响，最后总结得出结论。

思考题：

①不同氨基酸对美拉德反应的影响有什么差异？
②本实验所验证的结果在食品加工过程中有哪些方面的体现？

3.2 抗氧化剂对油脂酸败的影响

3.2.1 实验原理

食品中的不饱和脂肪和油脂出于自身化学结构的原因，十分容易出现氧化降解的现象，即氧化酸败。油脂的酸败是自由基链式反应，涉及从脂肪酸链上脱除一个有反应性的烯丙基上的氢，随之产生一系列的氧化、重组、链的断裂和风味化合物的产生。胡萝卜素作为一种高度不饱和的碳氢化合物，有着与脂肪酸相似的结构，因而胡萝卜素颜色变浅的速率能够作为油脂酸败速率的参考。本实验将胡萝卜素作为脂肪酸败反应的标记物，探究抗氧化剂对油脂酸败的影响。

3.2.2　试剂与器材

实验使用的材料与试剂有炼好的猪油 50g、胡萝卜素 10mg、氯仿 1mL、0.01% 硫酸铜 25mL、0.001% BHA 25mL、0.5% 血色素 25mL、饱和盐溶液 25mL、萝卜叶提取物 80mL、新鲜洋葱顶部提取物 80mL、白马铃薯提取物 80mL。使用到的器材有直径 7cm 的滤纸、有圆形滤纸片的培养皿。

3.2.3　实验步骤

实验按照以下步骤进行。

第一，取 50g 炼好的猪油，添加 10mg 溶解在少量氯仿中的胡萝卜素。用塑料钳子、骨头钳子或覆盖聚乙烯的钳子，将小滤纸（直径 7cm 的较方便）浸到熔化的脂肪中并保持 20s，然后转移到培养皿中。将 20g 切碎的蔬菜和 80mL 水加热到沸腾，制备萝卜叶、新鲜洋葱的顶部、白马铃薯皮的浸出物，在使用前轻轻倒出并冷却，作为待测溶液。

第二，结合抗氧化剂和促氧化剂进行测定。将小的圆形滤纸片浸入待测溶液中，待测溶液分别为水（作为对照组）、0.01% 的硫酸铜溶液、0.5% 的血色素溶液、0.001% 的 BHA、饱和盐溶液，以及前面制备好的待测溶液。

将几张浸满不同待测溶液的滤纸片放置在浸有胡萝卜素 — 猪油混合物的滤纸上，然后将内含滤纸的培养皿翻过来，扣在含水的培养皿盖上（水封）。不同测试应使用单独的培养皿，并且在 40℃ 的培养箱中储存。

3.2.4　结果分析

通过比较对油脂氧化酸败的不同处理，分析滤纸变白与未变白的脂肪气味的差别，观察和分析脂肪氧化酸败过程中发生的变化，讨论并得出最终结论。

思考题：

①抗氧化剂对油脂酸败的影响是怎样的？

②还有哪些抗氧化剂可以用来开展实验？

第四部分
快速检测技术

食品的快速检测是针对食品中的有害物质、非法添加物以及食品成分造假等进行检测，是保障食品质量安全的重要技术手段，本部分内容将重点对食品快速检测技术进行探究。

课件资源

1 食品中农药残留的快速检测技术

果蔬类食品中农药残留物超标的情况多年来一直是人们广泛重视的食品安全问题。在植物生长期间，不合规范的施药次数和用药含量，会造成果蔬类食品的农药含量较高。而在加工过程中，对农药的检测不到位就会使这些农药超标的产品流入市场，带来食品安全隐患。目前果蔬所施用的农药按其化学结构大致可分为以下几类：有机氯类、有机磷类、氨基甲酸酯类、拟除虫菊酯类等。❶ 其中，有机磷类有很多都是剧毒、高毒类农药，被禁止在果蔬种植过程中使用。为此，加强对农户的宣传指导，应用和推广规范的农药残留快速检测方法，是降低果蔬产品农药含量的重要工作。以下主要分析速测卡法和速测仪法两种方法。

1.1 速测卡法

1.1.1 检测原理

胆碱酯酶可催化靛酚乙酸酯（红色）水解为乙酸与靛酚（蓝色），有机磷或氨基甲酸酯类农药对胆碱酯酶有抑制作用，使催化、水解、变色的过程发生改变，由此可判断出样品中是否含有高剂量有机磷或氨基甲酸酯类农药。

1.1.2 试剂与器材

使用这一检测方法要用到的材料和试剂主要有固化有胆碱酯酶和靛酚乙酸酯试剂的纸片，即速测卡，以及 pH 7.5 的缓冲溶液。溶液的配制方法为分别取 15g 十二水磷酸氢二钠（$Na_2HPO_4 \cdot 12H_2O$）与 1.59g 无水磷酸二氢钾（KH_2PO_4），

---

❶ 姚玉静，翟培 . 食品安全快速检测 [M]. 北京：中国轻工业出版社，2019：58.

用 500mL 蒸馏水溶解。检测时要用到的仪器包括常量天平、（37±2）℃恒温装置。

1.1.3 检测步骤

检测前，先对样品进行处理，随后选择以下两种方式进行检测。

第一种检测方式是整体测定法，应按照以下步骤进行。

①选取有代表性的蔬菜样品，擦去表面泥土，剪成 1cm^2 左右的碎片，取 5g 放入带盖瓶中，加入 10mL 缓冲溶液，振摇 50 次，静置 2min 以上。

②取一片速测卡，用其上的白色药片沾取提取液，放置 10min 以上进行预反应，有条件时在 37℃恒温装置中放置 10min。预反应后的药片表面必须保持湿润。

③将速测卡对折，用手捏 3min 或置入恒温装置 3min，使红色药片与白色药片叠合发生反应。

④每批测定应设一个缓冲液的空白对照卡。

第二种方式为表面测定法，这是一种粗筛法，其步骤如下。

①擦去蔬菜表面泥土，滴 2 ～ 3 滴缓冲溶液在蔬菜表面，用另一片蔬菜在滴液处轻轻摩擦。

②取一片速测卡，将蔬菜上的液滴滴在白色药片上。

③放置 10min 以上进行预反应，有条件时在 37℃恒温装置中放置 10min。预反应后的药片表面必须保持湿润。

④将速测卡对折，用手捏 3min 或置入恒温装置 3min，使红色药片与白色药片叠合发生反应。

⑤每批测定应设一个缓冲液的空白对照卡。

1.1.4 检测结果分析

结果以酶被有机磷或氨基甲酸酯类农药抑制（为阳性）、未抑制（为阴性）表示。

与空白对照卡比较，白色药片不变色或略有浅蓝色均为阳性结果。白色药片变为天蓝色或与空白对照卡相同，为阴性结果。

对阳性结果的样品，可用其他分析方法进一步确定具体农药品种和含量。

1.2　速测仪法

1.2.1　检测原理

速测卡中的胆碱酯酶（白色药片）可催化靛酚乙酸酯（红色药片）水解为乙酸与靛酚，有机磷和氨基甲酸酯类农药则对胆碱酯酶的活性有抑制作用，使催化水解后的显色发生改变。根据显色的不同，便可以判断样品中有机磷类或氨基甲酸酯类农药的残留情况。

1.2.2　检测步骤

样品无须处理，直接按照以下步骤进行检测。

第一，将待检测的蔬菜装入速测卡，按住开关面板上的"开 / 关"键约 2s，仪器开机，等待提示亮点闪烁消失，预热完成即可开始测试。将速测卡插入压条下的各通道底板上，红色药片一端在上方，白色药片一端在下方。

第二，加入洗脱液，反应计时，可选择粗筛法和整体测定法两种方法进行测定。

①粗筛法：擦去蔬菜表面泥土，在被测菜叶正面接近叶尖部位滴 2 滴洗脱液，用另一片菜叶在滴液处轻轻摩擦，将菜叶上洗出的水滴，滴 1 滴在白色药片上，按"启动"键，反应计时开始，反应时间为 10min。

②整体测定法：对于瓜果或整株类蔬菜样品，擦去表面的泥土，用剪刀或水果刀剪切成 1cm^2 的碎片，取 5g 放入三角瓶中，加入 10mL 萃取液，振摇 50 次，静置 2min 后待用。用滴管移取萃取静置后的溶液，滴 1 滴在白色药片上，按"启动"键，反应计时开始。

第三，加热，显色反应。检查速测卡放置位置是否正确，速测卡中间的虚线应与压条对齐，不要歪斜。仪器发出六声急促的蜂鸣音时，关闭上盖将速测卡对折并压住显色开关，仪器开始对速测卡加热、保持恒温和显色计时。显色时间为 3min，显色结束仪器发出三声缓和的蜂鸣音，同时液晶显示器出现亮点"提示"，打开仪器上盖。

1.2.3　检测结果分析

观察速测卡上白色药片的颜色并与标准色卡进行比对，判断农药残留的强弱，蓝色表示农药残留为阴性，浅蓝色表示农药残留为弱阳性，白色表示农药残留为阳性。按照《蔬菜中有机磷和氨基甲酸酯类农药残留量的快速检测》（GB/T 5009.199—2003）中的规定，当抑制率 ≥ 50% 时，表示样品中农药超标。按照《蔬菜上有机磷和氨基甲酸酯类农药残毒快速检测方法》（NY/T 448—2001）中的规定，当抑制率 ≥ 70% 时，表示样品中农药超标。

思考题：

①使用速测卡检验食品中农药残留的原理是什么？

②对于含有影响酶的次生物质的葱、蒜等食品，在检测时容易出现假阳性，这种情况要如何处理？

2 牛乳掺伪的快速检测

在食品加工过程中，不法商贩为了降低成本、获取更高的利润，以次充好、以假乱真，在食品中添加一些其他成分，这不仅损害了消费者的利益，也带来了食品安全隐患。因此，加强对食品掺伪的检测，是提高食品检测质量的要求之一。

牛乳制品当中常见的掺假现象有往牛乳里面加水、豆浆、淀粉等物质，还有石灰水、明胶、尿素等非法物质，以下将分析这些物质的检测方法。

2.1 牛乳中掺水的检测

2.1.1 检测原理

正常的牛乳在 20℃ 时，相对密度在 $1.029 \sim 1.033 \mathrm{g/cm^3}$，掺水后的牛乳，其相对密度将低于此值，因此可利用物理特性，采用乳稠计、比重计等进行测定。

2.1.2 检测步骤

取温度为 $10 \sim 25℃$ 混匀的样品 200mL，沿筒壁小心倒入 250mL 量筒内（勿产生泡沫），测量样品温度后，小心将乳稠计沉入样品中，让其自然浮动，但不能与筒内壁接触。静置 $2 \sim 3 \mathrm{min}$，读取乳稠计与样品界面的读数。当温度在 20℃ 时，将乳稠计的读数 ÷1000+1 即得出牛乳密度。在非 20℃ 情况下测量时，可根据样品的温度和乳稠计读数查表换算成 20℃ 时的读数，再按公式 $d=X\div1000+1$ 计算出牛乳密度。式中，d 为牛乳的密度，X 为乳稠计读数。

2.1.3 检测结果计算

牛乳密度的降低与加水量成正比，每加入 10% 的水可使密度降低 0.0029。牛乳加水的百分率按下式计算：

$$X_2 = \frac{d_1 - d_2}{0.0029} \times 10\% \qquad (4\text{-}2\text{-}1)$$

式中，X_2 为估计掺水量；d_1 为以乳稠计度数表示的正常牛乳的密度（如正常牛乳密度为 1.029，则乳稠计度数为 29 度）；d_2 为以乳稠计度数表示的被检乳的密度。

2.2 牛乳中掺入豆浆的检测

豆浆中含有皂角素，能溶于热水或热酒精，并与氢氧化钠反应生成黄色化合物。按照这一原理，可利用氢氧化钠溶液对其进行检测。

检测步骤为取样品 20mL，放于三角瓶中，加入 1∶1 乙醇 — 乙醚混合液 3mL 及 25% 氢氧化钠溶液 5mL，摇匀静置 5min 后观察，如混合液呈现黄色，说明样品中有豆浆，如呈暗白色则为正常。重复以上步骤，同时做一组空白对照实验。

2.3 牛乳中掺入淀粉或米汤类物质的检测

2.3.1 检测原理

掺假者往往会采取不良手段来提升牛乳的浓稠度和牛乳中非脂固体物的净含量，常用的方式是朝牛乳中加入淀粉、糊精、米汤等。在检测牛乳中是否被掺入这些物质时，可以根据淀粉物质遇碘变蓝或蓝紫的原理进行检测。当牛乳中加入淀粉物质时，运用碘试剂进行检测，牛乳颜色就会变成蓝色。若牛乳中加入的是糊精，那么运用碘试剂进行检测时，牛乳的颜色就会变成紫红色。

2.3.2　检测步骤

准备待测样品和速测液，取 1g 样品至试管中，加入 4 ～ 5mL（90℃ 左右）热水溶解，待冷却后，加入 3 滴速测液，摇匀，5 ～ 20min 内观察试管内溶液的颜色变化。

取试剂糊精配制成 0.5% 浓度的阳性对照液，或取淀粉配制成 2% 浓度的阳性对照液，在 1g 乳粉中加入 1mL 阳性对照液，再加入 4mL（90℃ 左右）热水溶解乳粉，待冷却后，加入 5 滴速测液应显阳性反应。

2.3.3　检测结果分析

若试管溶液的颜色没有发生明显的变化，则表明被检测牛乳是正常的。若试管溶液的颜色变为蓝色，则表明牛乳中加入了淀粉物质。若试管溶液的颜色变为紫色，则表明牛乳中加入了糊精。一般的假牛乳中会加入较多的淀粉或糊精，因此测试的颜色显示都较为明显。

2.4　牛乳中掺入食盐的检测

牛乳掺水后相对密度会下降，为增加相对密度，掺假者可能会在加水后又加盐来迷惑消费者。这类情况可根据下述原理进行检验。硝酸银会与重铬酸钾反应生成红色沉淀，如牛乳中 Cl^- 含量过高，则将使铬酸银红色沉淀转化，生成氯化银白色沉淀，呈黄色。具体的检测步骤可参考如下内容。

取 0.01mol/L 硝酸银溶液 5mL 于试管中，加入 10% 重铬酸钾 2 滴，呈现红褐色，然后加入 1mL 待测样品，混合均匀，如红色消失，乳液变为黄色，说明样品中 Cl^- 的含量 > 0.14%（正常牛乳中 Cl^- 含量为 0.09% ～ 0.12%），可认为掺入了食盐。

2.5 牛乳中掺入蔗糖的检测

牛乳掺水后相对密度下降，为了增加相对密度，有些掺假者在加水后会再加入糖。针对这类情况，可以利用蔗糖与间苯二酚的反应来判别，适量的牛乳酸化后可以和间苯二酚发生明显的蓝色物质，而蔗糖在酸性和加热条件下分解出的果糖会与间苯二酚生成红色物质。具体的检测步骤可参考如下内容。

取待测牛乳 15mL 于小烧杯中，加 0.1g 间苯二酚及 1mL 浓盐酸，然后将加入检测液的牛乳放置在电炉上煮热，仔细观察牛乳的颜色变化。若是牛乳的颜色变为蓝色，则表明牛乳中未加入蔗糖；若是牛乳的颜色变为红色，则表明牛乳中加入了蔗糖。

2.6 牛乳中掺入石灰水的检测

有些掺假者会在牛乳中掺入石灰水来提高牛乳当中的含钙量，正常牛乳中含钙量 <1%。针对这类情况，可以结合石灰水与硫酸盐等的化学反应进行检测。正常牛乳中加入适量的硫酸盐后，再加玫瑰红酸钠和氯化钡可呈现红色外观；而掺石灰水后的牛乳，则生成硫酸钙沉淀，呈现白土样外观。具体检测步骤可参照以下内容。

取待测乳样 5mL，加入 1% 的硫酸钠、1% 玫瑰红酸钠和 1% 氯化钡溶液各1 滴，摇匀，观察颜色变化，天然乳为红色，有石灰水则为白土色。

2.7 牛乳中掺入明胶的检测

牛乳中掺水后，其非脂固体的含量会有所降低，掺假者会在此基础上加入明胶来进行弥补。对于这种情况，可以利用苦味酸沉淀法的原理进行检测，具体检测方法可参考以下内容。

第一，取 10mL 待测乳样置于 100mL 三角瓶中，加入 10mL 5% 的硝酸汞溶液。硝酸汞溶液的配制方法为取 2.5g 汞溶于 4mL 浓硝酸中，再用水稀释至 100mL 即可。

第二，将试剂摇匀后加入 200mL 水再继续摇动，静置 5min 后过滤，如果试剂的颜色变为乳白色，则表明牛乳中掺进了大量的明胶。另取一支试管加入等体积的苦味酸饱和水溶液，若有明胶存在，将生成淡黄色的沉淀，使滤液浑浊。

2.8　牛乳中掺入牛尿的检测

为了增加牛乳中的腥味，部分掺假者会在牛乳中掺入牛尿。牛尿中含肌酐，肌酐在 pH 为 12 的条件下与苦味酸反应会生成红色或橙红色复合苦味酸肌酐，因而可根据这一原理来检测牛乳中是否掺入了牛尿。具体的检测方法和步骤可参照以下内容。

取待测牛乳 5mL，加入 10% 氢氧化钠溶液 4 ～ 5 滴，再加入饱和苦味酸溶液 0.5mL 充分摇匀，放置 10 ～ 15min，如呈现红褐色，则说明牛乳样品中有牛尿，正常乳则呈现苦味酸固有的黄色。使用这一方法检测牛乳中牛尿的灵敏度为 2%。

2.9　牛乳中掺入尿素的检测

在牛乳中掺水后，牛乳的相对密度会降低，除了用盐，部分掺假者还会掺入一些尿素、硫酸铵等不容易被发现的化肥成分在牛乳当中，来增加牛乳的相对密度和牛乳中非脂固体的含量，并且能增加采用凯氏定氮法（以测定蛋白质含量）所测到的含氮量。对于这类情况，可以采用格里斯试剂的定性方法进行检测。尿素和亚硝酸钠在酸性溶液中会生成二氧化碳和氨气，当加入对氨基苯磺酸时，掺有尿素的牛乳呈黄色外观，正常牛乳则为紫色外观。按照这一原理，可以参照以下步骤进行检测。

取牛乳样品 5mL，加入 1% 亚硝酸钠溶液及浓硫酸各 1mL，摇匀放置 5min，待泡沫消失后，加格里斯试剂 0.5g，摇匀，如牛乳呈黄色，则说明有尿素，正常牛乳则为紫色。

思考题：

①牛乳中掺伪的危害有哪些方面？

②除以上分析的情况，牛乳中掺伪的现象还有哪些？如何检测？

3 肉类掺假的快速检测

肉制品是人们获取营养物质的重要食品种类，但不同的肉类价格有明显的差异。在肉类市场中，常常有许多不法商贩用其他价格低廉的肉品冒充价格较高的牛羊肉，以获取更高的利润。本部分内容将使用实时荧光聚合酶链式反应（PCR）法来检测肉类食品中的掺假情况。

3.1 检测原理

PCR法结合荧光探针检测技术，即以目标动物的特异性基因片段为靶区域设计特异性引物及荧光探针，通过实时监测 PCR 扩增产物的累积过程中荧光信号的变化对动物核酸进行快速检测，从而判定目标源性成分的有无。

3.2 试剂与器材

检测主要使用到的试剂盒为商品化动物源性成分检测试剂盒（PCR—荧光探针法），需要的试剂有反应液 I（酶、dNTP、离子缓冲液等）、反应液 II（引物、探针等）、样本处理液（核酸提取裂解液）。

检测需要用到的仪器设备主要有荧光定量 PCR 仪、移液枪（2.5μL、10μL、100μL、1000μL）、离心机、涡旋混匀器、天平（感量 0.01g）、灭菌离心管（1.5mL 或 2mL）、灭菌 PCR 反应管（200μL、100μL）、配套灭菌吸头、冰盒等。

3.3 检测步骤

检测按照以下步骤进行。

第一，制备待测样品。取待检样品200g（根据实际情况可调整），采用均质器、剪刀等实验器具对样本进行均质处理；称取上述均质样品50mg置于1.5mL离心管内，加入样本处理液，振荡混匀5s，备用。在制备样品时须注意，加工后的食品样本可能含有盐、糖、植物色素和发酵产生的有色物质，会影响下游实验操作，应在均质样品前通过双蒸水洗涤方式尽量去除样品中的盐、糖和色素等干扰物质。

第二，对检测试剂进行预处理。从试剂盒中取出反应液Ⅰ、反应液Ⅱ、阳性对照品、阴性对照品，待其充分溶解后，振荡混匀5s，瞬时离心。根据所要检测的样本数 n、阳性对照品与阴性对照品各1份，取（$n+2$）份的反应液Ⅰ、反应液Ⅱ，充分混合后，分装于PCR反应管中备用，分装时应尽量避免气泡。

第三，将待测样品装入试剂中。在分装有反应液的PCR反应管中分别加入待检样本DNA、阳性对照品、阴性对照品，压紧管盖，混匀后瞬时离心。加样时应使样本完全落入反应液中，不应黏附于管壁上，加样后应尽快压紧管盖。试剂准备和加样应在冰盒中进行。

第四，进行测定。将反应管放入荧光定量PCR仪内，记录加样顺序。上机前注意反应管是否盖紧，避免泄漏污染仪器。按试剂盒提供的反应条件设置荧光定量PCR仪，根据探针标记选择荧光通道，开始检测。待检测完毕，判断检测通道有无S型扩增曲线，参照具体仪器使用说明进行基线设定和值设定，并读取Ct值。

3.4 检测结果分析

检测结果对照试剂盒的质控标准进行，质控标准具体如下。

阴性对照：检测通道无S型扩增曲线。

阳性对照：检测通道有 S 型扩增曲线且 Ct 值低于参考值。

如果阳性对照和阴性对照的检测结果均符合上述要求，则实验有效，否则此次实验无效，须重新检测。

若样本检测通道 Ct 值低于参考值，且有 S 型扩增曲线，则该报告源性成分检测为阳性。若样本检测通道 Ct 值在参考值之间，则应复检，再根据复检结果另行判断。若样本的 Ct 值大于参考值或无 Ct 值，且无 S 型扩增曲线，则该报告源性成分检测为阴性。

思考题：

①对肉类掺假进行检测的原理是什么？

②还有哪些方法可以用于检测肉类的掺假情况？

4　食品中非法添加物（甲醛）的快速检测

在食品加工的过程中，一些不法商贩为了让食品的品质看上去更好，会加入一些非食用物质成分，其中甚至有许多对人体有毒的物质，如甲醛。甲醛具有很强的毒性，会对生物的细胞蛋白产生较强的破坏。当人体受到甲醛侵害时，会出现过敏、肠道刺激反应等情况。一般来说，正常的食品加工生产过程不会受到甲醛的污染。即使少数食品中含有微量的甲醛，也不会对人体形成危害。但是，在食品加工的过程中，部分不法商贩会在食品中添加甲醛来改变食品的色相，提升食品的外观品质，这就会对人体造成很大的损害。

4.1　检测原理

甲醛是国家卫生健康委员会公布的食品中可能违法添加的非食用物质之一，不得添加到食品中。食品中的甲醛可迅速检测出来，考虑到某些食品本身含有微量甲醛，因而当检测结果≤ 10mg/kg 时可判为阴性。

4.2　速测盒法

4.2.1　检测流程

①水发产品：取 1mL 水发产品的浸泡液或水发产品的淋洗液置于 1.5mL 离心管中，滴加 2 滴甲醛检测试剂。

②固体食品：取 10g 样品剪碎后置于三角瓶中，加入 20mL 的蒸馏水或纯净

水，充分振摇，放置 10min 后取上清液或滤液 1mL 于 1.5mL 离心管中，滴加 2 滴甲醛检测试剂。

4.2.2 检测结果分析

滴加甲醛检测试剂后，若样品呈现橙红色、浅红色，则为甲醛含量超标，无变化则无甲醛或甲醛不超标。

4.3 速测管法

甲醛与显色剂（分为试剂 1、试剂 2、试剂 3）反应，会生成紫色化合物，再与比色卡进行颜色比对，就可以得出甲醛含量。

4.3.1 检测流程

第一，对待测样品进行处理。无色液体无须处理，可直接进行测定。固体样品需要粉（剪）碎，取 1g 置于试管中，加纯净水到 10mL，振摇 20 次，放置 5min。

第二，加入试剂，对样品进行检测。取 1mL 无色液体样品或固体样品处理后的上清液置于 1.5mL 离心管中，加入 4 滴试剂 1，再加入 4 滴试剂 2，加盖后混匀，1min 后加 2 滴试剂 3，摇匀，5 ~ 10min 内与标准比色卡进行颜色比对。

4.3.2 检测结果分析

颜色相同或相近的比色卡色阶示值为无色液体样品中甲醛含量，颜色相同或相近的比色卡色阶示值乘以 10 即为固体样品中甲醛含量。若颜色超出色板标示含量范围，应将样品用纯净水稀释后重新测定，比色结果再乘以稀释倍数即可。此方法的检出限值为 0.25mg/L。

思考题：

①食品中加入甲醛会造成哪些危害？

②食品中的甲醛含量不得超过多少？

5 糖精钠的快速检测

食品添加剂主要是用于改善食品品质、延长食品保存时间的物质，在食品加工行业中有着广泛应用，但如果滥用食品添加剂就会产生严重的食品安全隐患。因此，加强对食品中添加剂滥用情况的检测是食品检测技术中的重要内容。

糖精钠是在食品领域应用广泛的一种甜味剂。甜味剂的过度使用会混淆食品中真实的含糖量，为此，许多国家都对食品当中糖精钠的含量设置了容许限量。我国《食品安全国家标准 食品添加剂使用标准》（GB 2760—2024）中规定，饮料类食品中糖精钠的添加量不能超过 0.15g/kg；蜜饯凉果类食品中糖精钠的添加量不能超过 1g/kg；凉果类食品中糖精钠的添加量不能超过 ≤ 5g/kg。❶ 以下主要采用两种方法来检测食品中的糖精钠。

5.1 仪器法

5.1.1 检测原理

在酸性条件下，饮料中的糖精会被萃取到下层溶液中，并与显色剂反应生成有色物质。

5.1.2 试剂与材料

检测所需试剂有 A 溶液、三氯甲烷，检测使用到的样品材料及其处理如下。

饮料类样品的处理：移取 1mL 样品液置于 10mL 比色管中，加蒸馏水至

---

❶ 桑华春，王覃，王文珺. 食品质量安全快速检测技术及其应用 [M]. 北京：北京科学技术出版社，2015：115-116.

5mL 刻度线，备用。

蜜饯凉果、凉果类样品的处理：称取剪碎的 4g 蜜饯凉果或 2g 凉果类样品置于 50mL 提取瓶中，加入 40mL 蒸馏水，充分摇动 1min，再静置 5min，过滤。移取 1mL 滤液置于 10mL 比色管中，加蒸馏水至 5mL 刻度线，备用。

5.1.3　检测步骤

取制备好的样品液加入 A 溶液 1mL，摇匀，加入三氯甲烷 4mL，塞上塞子，较为快速地颠倒 20 次，静置 5min，取下层溶液进行检测。将装有蒸馏水的比色皿放入检测仪器，点击"校正"后，弹出"正在获取数据请稍候"对话框，此时不能进行任何操作。当该对话框消失后，将装有样品液的比色皿放入检测仪器，点击"检测"，当检测结果在下方显示时，检测完成，可进行下一个样品的检测。

5.2　速测盒法

5.2.1　检测原理

食品中的糖精钠可与检测液 A 反应生成蓝色产物，颜色越深，样品中糖精钠的含量越高，与标准色卡比较，可以得出样品中糖精钠的半定量信息。

5.2.2　检测步骤

液体样品的检测：直接量取 5mL 样本置于 10mL 比色管或具塞试管中，加入 0.5mL（约 10 滴）检测液 A，摇匀，静置 2min，加入 2mL 三氯甲烷，强烈振摇 1min（约 120 次），静置分层，观察下层溶液的颜色。

固体样品的检测：称取 0.5g 剪碎的样品，放入 10mL 比色管或具塞试管中，加水 5mL，振摇提取；加入 0.5mL（约 10 滴）检测液 A，振摇 1min，静置 1min；加入 2mL 三氯甲烷，强烈振摇 1min（约 120 次），静置分层，观察下层溶液的颜色。

5.2.3 检测结果分析

观察分层后下层溶液的颜色，并与色卡进行比较。颜色相近色阶的色卡标示值即为液体样品中糖精钠的大致含量。如为固体样品，则其糖精钠的大致含量应为颜色相近色阶的色卡标示值乘以 10。

思考题：

①除糖精钠外，食品加工过程中还有哪些容易被滥用的甜味剂？
②使用食品添加剂应严格遵循哪些规则？
③食品添加剂在使用过程中主要存在哪方面的问题？

6　蜂蜜中糊精和淀粉的快速检测

蜂蜜掺假最常见的手段是往蜂蜜里加入由蔗糖、糊精和淀粉制成的混合物，掺入这些成分后，蜂蜜会出现易变质、酸败等食品安全问题。

6.1　检测原理

淀粉遇碘会变色，根据这一原理，可快速鉴别蜂蜜中糊精和淀粉的掺假情况。

6.2　检测试剂

测试液配制：取碘 14g，溶于含有 36g 碘化钾的 100mL 水中，加盐酸 3 滴，用水稀释至 1000mL，混合。

6.3　检测步骤

取出一支检测试管，然后向试管中加入 1mL 蜂蜜，再往蜂蜜中加入 3mL 左右的纯净水。将蜂蜜与纯净水进行混合后，再将测试液滴入试管中。将试管摇匀，放置 5min 之后，观察试管颜色所发生的变化。

6.4 检测结果分析

当试管溶液的颜色变为紫色、棕色时，表明受检测蜂蜜中含有糊精；当试管溶液的颜色变为蓝色或蓝黑色时，则表明受检测蜂蜜中含有淀粉和糊精。蜂蜜中加入的淀粉和糊精量越多，检测溶液的颜色就越深。

思考题：

①检测蜂蜜中是否含有糊精和淀粉使用了什么原理？
②还有哪些方法可以用来检测蜂蜜的掺假现象？

参考文献

[1] Connie M.Weaver，James R.Daniel. 食品化学实验指导 [M].2 版 . 杨瑞金，张文斌，译 . 北京：中国轻工业出版社，2009.

[2] 白莉，那治国 . 生物化学实验方法与技术指导 [M]. 哈尔滨：黑龙江大学出版社，2018.

[3] 蔡乐 . 高等学校化学实验室安全基础 [M]. 北京：化学工业出版社，2018.

[4] 陈福玉，叶永铭，王桂桢 . 食品化学 [M].2 版 . 北京：中国质检出版社，中国标准出版社，2017.

[5] 陈志，王敏，葛淑萍，等 . 工科基础化学实验汇编 [M]. 重庆：重庆大学出版社，2018.

[6] 丁芳林 . 食品化学 [M]. 武汉：华中科技大学出版社，2010.

[7] 丁晓雯，李诚，李巨秀 . 食品分析 [M]. 北京：中国农业大学出版社，2016.

[8] 杜克生 . 食品生物化学 [M].2 版 . 北京：中国轻工业出版社，2017.

[9] 符云鹏 . 烟草栽培学实验指导 [M]. 郑州：黄河水利出版社，2019.

[10] 高义霞，周向军 . 食品仪器分析实验指导 [M]. 成都：西南交通大学出版社，2016.

[11] 黄晓钰，刘邻渭 . 食品化学与分析综合实验 [M].2 版 . 北京：中国农业大学出版社，2009.

[12] 揭广川，包志华 . 食品检测技术：食品安全快速检测技术 [M]. 北京：科学出版社，2010.

[13] 敬思群 . 食品科学实验技术 [M]. 西安：西安交通大学出版社，2012.

[14] 阚建全 . 食品化学 [M].4 版 . 北京：中国农业大学出版社，2021.

[15] 李红，张华 . 食品化学 [M]. 北京：中国纺织出版社有限公司，2022.

[16] 李敏，郑俏然 . 食品分析实验指导 [M]. 北京：中国轻工业出版社，2019.

[17] 李玉奇，赵慧君，孙永林．食品生物化学实验 [M]．成都：西南交通大学出版社，2018．

[18] 刘红英，高瑞昌，戚向阳．食品化学 [M]．北京：中国质检出版社，中国标准出版社，2013．

[19] 刘燕伟．食品中化学污染物检测方法的研究 [D]．广州：华南理工大学，2014．

[20] 吕丽爽，冯小兰．食品化学与分析实验 [M]．北京：中国轻工业出版社，2022．

[21] 马丽艳．食品化学综合实验 [M]．北京：中国农业大学出版社，2021．

[22] 钱敏，白卫东，赵文红，等．不同氨基酸和糖对美拉德反应产物的影响 [J]．食品科学，2016（13）：31-35．

[23] 强亮生，王慎敏．精细化工综合实验 [M]．7版．哈尔滨：哈尔滨工业大学出版社，2015．

[24] 乔亏，汪家军，付荣．高校化学实验室安全教育手册 [M]．青岛：中国海洋大学出版社，2018．

[25] 桑华春，王覃，王文珺．食品质量安全快速检测技术及其应用 [M]．北京：北京科学技术出版社，2015．

[26] 邵兵，王国民，赵舰．食品中非食用物质检测技术与应用 [M]．北京：中国质检出版社，中国标准出版社，2014．

[27] 邵秀芝，郑艺梅，黄泽元．食品化学实验 [M]．郑州：郑州大学出版社，2013．

[28] 师邱毅，纪其雄，许莉勇．食品安全快速检测技术及应用 [M]．北京：化学工业出版社，2010．

[29] 孙汉巨．食品分析与检测实验 [M]．合肥：合肥工业大学出版社，2016．

[30] 汤轶伟，赵志磊．食品仪器分析及实验 [M]．北京：中国质检出版社，中国标准出版社，2016．

[31] 汪建红，廖立敏．精细化学品化学实验 [M]．武汉：武汉大学出版社，2022．

[32] 汪开拓．食品化学实验指导 [M]．长沙：中南大学出版社，2016．

[33] 王立晖，刘鹏．食品分析与检验技术 [M]．北京：中国轻工业出版社，2015．

[34] 王瑞，巴良杰．食品保藏技术实验 [M]．北京：中国轻工业出版社，2019．

[35] 王世平．食品安全检测技术 [M]．2版．北京：中国农业大学出版社，2019．

[36] 王正朝，张正红．食品生物化学实验［M］.成都：电子科技大学出版社，2019.

[37] 韦庆益，高建华，袁尔东．食品生物化学实验［M］.广州：华南理工大学出版社，2012.

[38] 魏玉梅，潘和平．食品生物化学实验教程［M］.北京：科学出版社，2017.

[39] 徐玮，汪东风．食品化学实验和习题［M］.北京：化学工业出版社，2008.

[40] 许晓风．大学实验室基础训练教程：化学与生物专业［M］.南京：东南大学出版社，2018.

[41] 严奉伟，丁保淼．食品化学与分析实验［M］.北京：化学工业出版社，2017.

[42] 姚玉静，翟培．食品安全快速检测［M］.北京：中国轻工业出版社，2019.

[43] 余以刚，肖性龙．食品质量与安全检验实验［M］.北京：中国质检出版社，中国标准出版社，2014.

[44] 曾洁，胡新中．粮油加工实验技术［M］.2版．北京：中国农业大学出版社，2014.

[45] 张邦建，赵珺．食品卫生检测技术［M］.北京：海洋出版社，2013.

[46] 赵国华．食品化学实验原理与技术［M］.北京：化学工业出版社，2009.

[47] 周艳华，胡金梅，李涛．食品快速检测技术［M］.北京：中国纺织出版社有限公司，2021.

[48] 朱莉娜，孙晓志，弓保津，等．高校实验室安全基础［M］.天津：天津大学出版社，2014.